2015年校级教学改革研究重点课题
湖南人文科技学院教材建设基金资助项目

电路与电子技术实验

（含实验报告）

主　审　成　运

编　著　李　强　付又香　刘云连
　　　　程正梅　李朝鹏

西南交通大学出版社
·成都·

图书在版编目（ＣＩＰ）数据

电路与电子技术实验：含实验报告 / 李强等编著.
—成都：西南交通大学出版社，2015.10
ISBN 978-7-5643-4343-9

Ⅰ. ①电… Ⅱ. ①李… Ⅲ.①电路－实验－高等学校
－教材②电子技术－实验－高等学校－教材 Ⅳ.
①TM13-33②TN-33

中国版本图书馆 CIP 数据核字（2015）第 244157

电路与电子技术实验

（实验报告）

编著　李强　付又香　刘云连　程正梅　李朝鹏

责 任 编 辑	黄淑文
封 面 设 计	墨创文化
出 版 发 行	西南交通大学出版社 （四川省成都市金牛区交大路 146 号）
发 行 部 电 话	028-87600564　028-87600533
邮 政 编 码	610031
网　　　　址	http://www.xnjdcbs.com
印　　　　刷	四川森林印务有限责任公司
成 品 尺 寸	185 mm × 260 mm
总 印 张	18.25
总 字 数	444 千
版　　　次	2015 年 10 月第 1 版
印　　　次	2015 年 10 月第 1 次
书　　　号	ISBN 978-7-5643-4343-9
套　　　价	45.00 元

课件咨询电话：028-87600533
图书如有印装质量问题　本社负责退换
版权所有　盗版必究　举报电话：028-87600562

前　言

本教材是按《中长期教育改革和发展规划纲要 2010—2020》的总体要求，以教育部《关于地方本科高校转型发展的指导意见（征求意见稿）》为基本依据，结合我校转型发展的实际情况而编写的。将电路、模电、数电与高频电子线路等多门实验课程整合到一本教材，避免了过去实验教学中实验内容重复、分散与知识点乱等问题，是实验教学改革的一项基础性工作。

每个实验课题的内容以相关理论课程的纵向体系为依据进行整合，每个课题包含一个基本的知识模块，将过去的多个实验整合到一个课题之中，由于内容丰富，可实现分层次教学，满足不同学习需求与不同学习能力的学生进行实践。

教材提供了四个综合实训课题，这些课题的内容既不同于过去的设计与研究性实验，又与课程设计有区别，学生通过阅读教材的内容，可独立地在实验室完成相关的设计、操作、实现与考核，旨在提高学生的工程设计与实施的能力。

教材中提供了实验报告的模板，实验中测量的数据、计算的内容大为减少，不再写过多的实验原理与步骤，节约学生时间用于真正的实验过程，并且老师可进行现场的指点与批阅。

本书的编写分工如下：7 个电路实验课题，由李强副教授完成；9 个模电实验课题，由付又香高级实验师和李强编写；7 个数电实验课题，由李朝鹏副教授编写初稿，刘云连老师完成定稿；4 个高频电子线路实验课题，由程正梅老师完成；4 个综合实训课题分别由李强、付又香、刘云连与程正梅老师编写完成。全书由李强副教授负责统稿。

在编写过程中得到了蒋建初教授的指导，羊四清教授、刘浩博士给了大力的支持，成运教授对全书进行了全面的审阅，并提出了宝贵的意见。张银和老师对电路实验讲义进行了试用，提出的诸多修改意见被采纳，钟明生老师为模电实验做了一些前期的准备工作，苏芙华老师为数电实验做了前期的准备工作。本教材由湖南人文科技学院教材建设资金提供资助。在此，一并表示由衷的感谢。

教材参考了设备厂家提供的相关讲义与使用说明书，特此致谢。

本书的出版得到了西南交通大学出版社的大力支持，与主任编辑郭发仔老师的努力和黄淑文编辑的辛勤劳动密不可分，深表谢意。

本书可供电子信息工程、电子信息科学与技术、通信工程、物理学、自动化、机械设计制造及其自动化、能源与动力工程、材料成型及控制工程、计算机科学与技术、物联网、软件工程、网络工程等专业的相关实验课程选择使用。

由于编者水平有限，对内容把握不准，本书缺点与错误在所难免，恳请读者批评指正。

于湖南人文科技学院百全楼

2015 年 9 月

目　录

第一章　电路实验

实验一　直流电路基本规律的验证

一、实验基本任务

（1）验证基尔霍夫电流定律；

（2）验证基尔霍夫电压定律；

（3）验证叠加定理。

完成任务：（1）的满分为 70 分，（1）+（2）的满分为 90 分，（1）+（2）+（3）的满分为 100 分。

二、实验目的与要求

（1）掌握基尔霍夫定律与叠加定理；

（2）掌握电路参考方向与电压、电流的正负的关系；

（3）掌握参考点、电位、电压之间的关系；

（4）学会根据电路原理图连接正确的测量电路。

三、实验原理

1．基本概念

节点：3 个或 3 个以上电路元件的连接点称为节点。

支路：连接两个节点之间的电路称为支路。

电流参考方向：对某二端元件，端点分别为 A 与 B，在导线上用箭头标示电流的参考方向，流过这个元件的电流方向与箭头方向相同时，电流大于零，反之，电流小于零。

电压参考方向：对电路两点之间的电压，用正极性（ + ）A 点表示高电位，负极性（ − ）B 点表示低电位，由正极指向负极的方向（即 A 指向 B）就是电压的参考方向。如果 A 点电位确实高于 B 点电位，则电压 u 大于零，反之，电压小于零。

电压与电位的关系：电路中的参考点选择不同，各节点的电位也相应改变，但任意两点的电压（电位差）不变，即任意两点的电压与参考点的选择无关。

$$U_{AB} = U_A - U_B = U_{OA} - U_{OB}$$

闭合回路：由多个支路构成的一个首尾相连的圆就是一个闭合回路。可人为地规定一个回路绕行的正方向。

线性电路：线性就是指输入量和输出量之间的关系可以用线性函数表示，线性电路是指完全由线性元件、独立源或线性受控源构成的电路。线性电路的齐次性是指当激励信号（某独立源的值）增加或减少 K 倍时，电路的响应（即在电路其他各电阻元件上所建立的电流和电压值）也将增加或减少 K 倍。

电压源：是一个理想电路元件，它的端电压与通过元件的电流无关，总保持为给定的时间函数，而电流的大小则由外电路决定。

电流源：也是一个理想电路元件，它发出的电流与元件的端电压无关，总保持为给定的时间函数，而端电压的大小则由外电路决定。

2. 基尔霍夫定律符号规则

（1）流出节点的电流取正号（ + ），流入节点的电流取负号（ – ）。

（2）凡支路电压参考方向与回路绕行的正方向相同者，电压取正号（ + ），反之电压取负号（ – ）。

3. 基本规律

基尔霍夫电流定律（KCL）：集中参数电路中，在任一时刻，流出（流入）任一节点的电流的代数和等于零。数学表达式为：

$$\sum i = 0$$

实验过程中，通过测量流入与流出某指定节点的电流大小与方向，按其符号规则（1），求其代数和。

基尔霍夫电流定律（KVL）：集中参数电路中，任一闭合回路上全部组件端的电压代数和等于零。数学表达式为：

$$\sum u = 0$$

实验过程中，通过测量某一回路中各支路的电压大小与方向，按其符号规则（2），求其代数和。

叠加定理：对于一个具有唯一解的线性电路，由几个独立电源共同作用所形成的各支路电流或电压，等于各个独立电源单独作用时在相应支路中形成的电流或电压的代数和。不起作用的电压源所在的支路应（移开电压源后）短路，不起作用的电流源所在的支路应开路。

四、实验设备（见表 1-1-1）

表 1-1-1 实验设备

序号	名 称	型号与规格	数量	备注
1	电工电路技术实验装置	DGJ-01	1	实验平台
2	直流稳压电源	+6 V、+12 V 切换	1	电源区
3	可调直流稳压电源	0~30 V	1	电源区
4	数字万用表	VC890D	1	备用
5	直流数字电压表	0~300 V	1	仪表区
6	直流数字毫安表	0~500 mA	1	仪表区
7	电路基本实验箱	基尔霍夫定理/叠加定理模块	1	DGJ-03 挂件

五、实验内容与基本步骤

1. 验证基尔霍夫电流定律

实验线路如图 1-1-1 所示，是一个有 2 个电压源的二网孔直流线性电路。

（1）实验前先任意设定 3 条支路的电流参考方向与回路方向，如图 1-1-1 所示。

（2）分别将两路直流稳压电源接入电路（一路 E_1 为 +6 V、+12 V 切换电源，另一路 E_2 为 0~30 V 可调直流稳压源），设定 E_1 = 6 V，E_2 = 12 V。

（3）熟悉电流插头的结构，将电流插头的两端接至直流数字毫安表的"＋、－"两端。

（4）将电流插头分别插入 3 条支路的 3 个电流插座中，读出电流值并将其记入实验报告中的表 1-1-1 中。

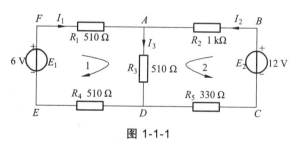

图 1-1-1

2. 验证基尔霍夫电压定律

（1）用直流数字电压表分别测量两路电源及电阻元件上的电压值并将其记入实验报告中的表 1-1-2 中。

（2）测量电位与电压，并验证电压与参考点的选择无关。分别以 B 点和 D 点为参考点，测量 A、B、C、D 各点电位并将其记入实验报告中的表 1-1-3 中，计算电压值记入实验报告中的表 1-1-3 中。

3. 验证叠加定理

（1）分别在 E_1 单独作用时（将开关 S_1 投向 E_1 侧，开关 S_2 投向短路侧）、E_2 单独作用时

（将开关 S_1 投向短路侧开关 S_2 投向 E_2 侧），及 E_1 和 E_2 共同作用时（将开关 S_1 投向 E_1 侧，S_2 投向 E_2 侧），用直流数字电压表和毫安表（接电流插头）测量各支路电流及电阻元件两端的电压，数据记入实验报告中的表 1-1-4 中。

六、实验注意事项

（1）所有需要测量的电压值，均以电压表测量的读数为准，不以电源表盘指示值为准。

（2）防止电源两端碰线短路。

（3）若用数字式电流表进行测量，要识别电流插头所接电流表的"＋""－"极性。

七、思考题

1. 电位参考点的电位值一定为零吗？对其他任意两点之间的电压有影响吗？

2. 叠加原理中 E_1、E_2 分别单独作用时，在实验中应如何操作？可否将不作用的电源（E_1 或 E_2）置零（短接）？

实验二 有源二端网络的等效参数及变换研究

一、实验基本任务

（1）测量电压源的外特性曲线，验证电压源与电流源等效变换关系；
（2）测定有源二端网络等效参数；
（3）研究实际电源的功率输出特性。

完成任务：（1）的满分为 50 分，（1）+（2）的满分为 90 分，（1）+（2）+（3）的满分为 100 分。

二、实验目的与要求

（1）掌握电压源、有源二端网络外特性曲线的测量方法；
（2）掌握有源二端网络等效参数的测试方法；
（3）了解电路"匹配"条件。

三、实验原理

1. 基本概念

1）理想电压源

理想电压源的端电压 $u(t)$ 与通过元件的电流无关，总保持为给定的时间函数，等于电压源的激励电压 $u_s(t)$，即 $u(t) = u_s(t)$。理想电压源输出的电流由外电路决定。电压源不接外电路时，电流总为零，这种情况称为"电压源处于开路"。而把电压源短路是没有意义的。理想电压源图形符号如图 1-2-1（a）所示。

2）理想电流源

理想电流源发出的电流 $i(t)$ 与通过元件的端电压无关，总保持为给定的时间函数，等于电流源的激励电流 $i_s(t)$，即 $i(t) = i_s(t)$。理想电流源的端电压由外电路决定。电流源两端短路时，其端电压为零，电流等于电流源的激励电流。把电流源开路是没有意义的。理想电流源的图形符号如图 1-2-1（b）所示。

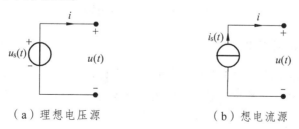

（a）理想电压源　　　　　　　（b）想电流源

图 1-2-1　理想电源模型

3）实际电源

实际电源的端电压与输出的电流都是随着外部负载的变化而变化的，但是就其外部的特性而言，它既可以看成一个理想电压源与一个电阻（内电阻）串联而成，也可以看成一个理想电流源与一个电导并联而成。如果这两种电源能向同样大小的负载供出同样大小的电流和端电压，即使得具有相同的外部特性，则称这两电源等效。如图 1-2-2（a）、1-2-2（b）所示。

电源等效变换条件：$i_s = \dfrac{u_s}{R_0}$，$g_0 = \dfrac{1}{R_0}$；或 $u_s = i_s R_0$，$R_0 = 1/g_0$。

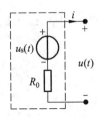
（a）理想电压源与电阻串联

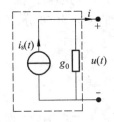
（b）理想电流源与电导的并联

图 1-2-2　实际电源模型

4）受控电源

受控电源又称非独立电源，受控电源的激励电压或受控电源的激励电流受电路中某部分电压或电流的控制。可分为四种情况：受电压控制的电压源（VCVS）与电流源（VCCS），受电流控制的电压源（CCVS）与电流源（CCCS）。

5）有源二端网络

任何一个线性含源网络，如果仅研究其中一条支路（如图 1-2-3 中的 R_L 支路）的电压和电流，则可将电路的其余部分看作一个有源二端网络（或称为含源一端口网络）。

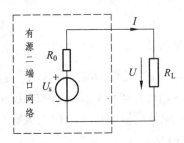
图 1-2-3　有源二端网络

2. 实际电压源的外特性

电压源外特性测试电路如图 1-2-4（b）所示，令外部负载电阻为 $R_L = R_1 + R_2$，若不计电流表的表头内阻且认为电压表的内阻为无穷大，则实际电压源的外特性为

$$U = U_s - IR_L$$

3. 戴维南定理

任何一个线性有源网络，总可以用一个电压源与一个电阻的串联来等效代替，此电压源的电动势 U_s 等于这个有源二端网络的开路电压 U_{oc}，其等效内阻 R_0 等于该网络中所有独立电源均置零（理想电压源视为短接，理想电流源视为开路）时的等效电阻。

4. 诺顿定理

任何一个线性有源网络，总可以用一个电流源与一个电阻的并联组合来等效代替，此电流源的电流 I_s 等于这个有源二端网络的短路电流 I_{sc}，其等效内阻 R_0 定义同戴维南定理。

其中 U_{oc}（U_s）和 R_0 或者 I_{sc}（I_s）和 R_0 称为有源二端网络的等效参数。

5. 有源二端网络等效参数的测量方法

1）开路电压、短路电流法测 R_0

将有源二端网络输出端开路，用电压表直接测量其输出端的开路电压 U_{oc}，然后再将其输出端短路，用电流表测其短路电流 I_{sc}，则其等效内阻为：

$$R_0 = \frac{U_{oc}}{I_{sc}}$$

本方法简单，但内阻很小时不宜使用。

2）伏安法测 R_0

用电压表与电流表测出有源二端网络的外特性曲线，求出曲线斜率，则内阻为：

$$R_0 = \frac{\Delta U}{\Delta I}$$

3）半电压法测 R_0

当负载电压为被测网络开路电压的一半时，此时负载电阻的值即等于等效内阻值。

4）零示法测开路电压 U_{oc}

在测量高内阻的有源二端网络的开路电压时，可以用一个低内阻的可调稳压电源与之进行对接，中间加一个电压表，调节可调稳压电源电压，使电压表读数为零，此时稳压电源的开路电压即等于有源二端网络的开路电压。

6. 负载获得最大功率的条件

如图 1-2-3 所示，一个电源（或有源二端网络）向负载输送电能的功率为 $P = I^2 R_L$。

当满足条件 $R_L = R_0$ 时（称为电路"匹配"），负载从电源获得的最大功率，为 $P_{max} = \frac{U}{4R_L}$。

在电路处于"匹配"状态时，电源本身要消耗一半的功率，此时，电源的效率只有 50%，这对于电力系统是绝对不允许的。但在电子技术中，信号源本身的功率较小，且内阻较大，希望信号源有最大的功率输出，这时就要讨论阻抗的"匹配"问题。

四、实验设备（见表 1-2-1）

表 1-2-1 实验设备

序号	名　称	型号与规格	数量	备注
1	电工电路技术实验装置	DGJ-01	1	实验平台
2	可调直流稳压电源	0~30 V	1	调到 6 V
3	可调直流恒流源	0~200 mA	1	调到 10 mA
4	数字万用表	VC890D	1	备用
5	直流数字电压表	0~300 V	1	仪表区
6	直流数字毫安表	0~500 mA	1	仪表区
7	电路基本实验箱	戴维南定理/诺顿定理模块	1	DGJ-03
8	元件箱	51 Ω、200 Ω固定电阻、0-99999.9 Ω 可调电阻箱、1 kΩ/2W 可调电位器	1	DGJ-05

五、实验内容与基本步骤

1. 测定直流稳压电源（近似理想电压源）与实际电压源的外特性

实验电路分别如图 1-2-4（a）与 1-2-4（b）所示，其中 R_1 为实验保护电阻，R_2 为可调电阻，R_0 为模拟电压源内阻。令 R_2 的阻值由大至小变化，将电压表与电流表的读数记入实验报告中的表 1-2-1 与表 1-2-2 中，并用坐标纸作出曲线，得到结论。

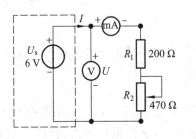
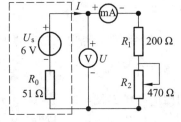

（a）理想电压源的外特性实验　　（b）实际电压源外特性实验

图 1-2-4 电压源外特性测试电路

2. 验证电压源与电流源的等效变换关系

先按图 1-2-5（a）线路接线，将线路中两表的读数记入实验报告中的表 1-2-3。再将电路接成图 1-2-5（b），调节电流源的输出电流，使两表的读数与图 1-2-5（a）时的数值相等。将 I_s 的值记入实验报告中的表 1-2-3，用公式验证等效变换的正确性。

$$I_s = \frac{U_s}{R_0}, \quad g_0 = \frac{1}{R_0} \quad 或 \quad U_s = I_s R_0, \quad R_0 = 1/g_0$$

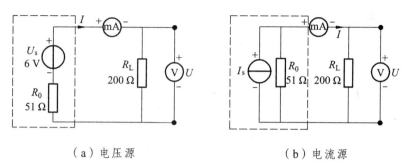

（a）电压源　　　　　　　　　　（b）电流源

图 1-2-5　电压源与电流源的等效变换测试电路

3. 有源二端网络等效参数的测定

被测有源二端网络如图 1-2-6（a）所示。戴维南等效电路图为 1-2-6（b）所示。

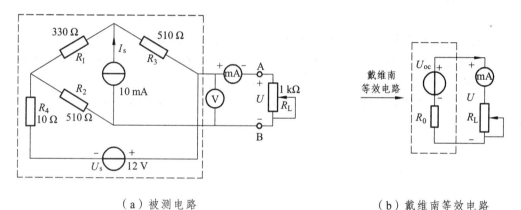

（a）被测电路　　　　　　　　　　　　　　（b）戴维南等效电路

图 1-2-6　有源二端网络的等效参数测试电路

（1）直接用数字万用表测开路电压 U_{oc}、短路电流 I_{sc}，求出内阻 R_0。

按图 1-2-6（a）所示接入稳压电源 $U_s = 12\text{ V}$ 和恒流源 $I_s = 10\text{ mA}$，不接入 R_L。测出 U_{oc} 和

I_{sc}，并计算出 $R_0 = \dfrac{U_{oc}}{I_{sc}}$（测 U_{oc} 时，不接入毫安表）。数据记入实验报告中的表 1-2-4 中。

（2）测量有源二端网络的外特性曲线。

按图 1-2-6（a）所示接入 R_L。改变 R_L 阻值，测量相应的 U 和 I，将测量数据记入实验报告中的表 1-2-5 中，并依据表中的数据用坐标纸作出有源二端网络的外特性曲线。

（3）有源二端网络等效电阻的直接测量法。

一般地，对理想电压源，先将其去掉，再将原电压源所接的两点用一根短路导线相连。对理想电流源，直接去掉。对于实际电源，可用一个等于其电源内阻的电阻代替。

断开负载两端，用万用表的欧姆档直接测定。

本实验电路中，应先去掉电压源与电流源，再用导线将电压源原接线的两点直接短接，断开负载 R_L 两端，用万用表的欧姆档直接测量，得到的电阻即为有源二端网络的等效电阻。

4. 最大功率传输条件测定

按图 1-2-7 接线，改变负载电阻的值，测量输出的电流与电压，记入实验报告中的表 1-2-6 中。

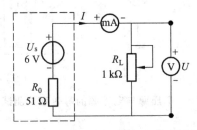

图 1-2-7　电源输出功率与负载的关系

六、报告要求

（1）测定直流稳压电源与实际电压源的外特性并作出特性曲线。

（2）比较电压源与电流源当负载相同、输出电压和电流相等时，测量的电流源电流是否满足等效变换关系。如有误差，请分析产生的原因。

（3）用多种方法测量有源二端网络的等效电阻、开路电压及短路电流。

（4）验证电源输出最大功率的条件。

七、实验注意事项

（1）测量过程中不能将电压源直接短路。

（2）换接线路时，必须关闭电源开关。

（3）在测量电压源外特性时，要测量空载时的电压值（即开路电压）。

实验三   一阶、二阶网络响应特性研究

一、实验基本任务

（1）观察 *RC* 一阶电路的响应特性曲线并测定时间常数；

（2）观察 *RLC* 二阶电路三种状态下的零状态响应与零输入响应；

（3）测量 *RLC* 二阶电路在欠阻尼时的衰减常数与振荡频率。

完成任务：（1）的满分为 70 分，（1）+（2）的满分为 90 分，（1）+（2）+（3）的满分为 100 分。

二、实验目的与要求

（1）学会用示波器观察 RC 电路的零状态响应（充电）与零输入响应（放电）特性曲线；

（2）掌握用示波器测量 RC 微分与积分电路时间常数的方法；

（3）了解二阶电路的组成与响应特点；

（4）学习用双踪示波器测量周期与振幅；

（5）了解测量欠阻尼时衰减常数与振荡频率的测量方法。

三、实验原理

1. 基本概念

（1）动态元件与动态电路：电容元件和电感元件的电压和电流的约束关系通过导数（或积分）表达的，称这为动态元件，又称为储能元件。含有动态元件的电路称为动态电路。含有一个动态元件的电路称为一阶电路，含有 2 个或 *N* 个动态元件的电路称为二阶或 *N* 阶电路。对应的电路方程为一阶、二阶或 *N* 阶微分方程。

（2）零输入响应：动态电路中无外加激励电源，仅由动态元件初始储能所产生的响应。这种响应随时间按指数规律衰减。

（3）零状态响应：电路的储能元器件（电容、电感类元件）无初始储能，仅由外部激励作用而产生的响应。

（4）过渡过程：动态电路中的结构或元件的参数发生改变时（例如电路中的电源或无源元件的断开或接入，信号的突然注入等），电路的工作状态由原来的稳定状态转变到另一个稳定状态，这种转变往往需要经历一个过程，被称为动态过程，在工程上称为过渡过程。

过渡过程是单次变化过程而且很短暂，为了用示波器观察过渡过程和测量有关的参数，可以利用信号发生器输出的方波来模拟阶跃激励信号。即令方波输出的上升沿作为零状态响应的正阶跃激励信号，方波下降沿作为零输入响应的负阶跃激励信号。只要选择方波的重复周期远大于电路的时间常数 τ，电路在这样的方波序列脉冲信号的激励下，其过渡过程与接通和断开直流电源是基本相同的。

2．基本动态元件与 VCR 方程

（1）电容器：是由两个金属电极及其间的介电材料（如云母、绝缘纸、空气等）构成的。当在两极板上加上电压后，两极板上分别聚集起等量的正、负电荷，并在介质中建立电场而具有电场能量。电容器储存电量多少的能力称为电容器的电容量，单位为法拉（F）。一般地，电容量的大小与极板面积和介电材料的介电常数 ε 成正比，与介电材料厚度（即极板间的距离）成反比。电容器中储存的电量 Q 等于电容量 C 与电极间的电位差 U 的乘积。电容元件就是反映这种物理现象的电路模型。

（2）电感线圈：是用绝缘导线（例如漆包线、纱包线等）绕制成空心或带有磁心、铁芯等的一组串联的同轴线匝。当线圈通过变化的电流后，在线圈中就会形成变化的感应磁场，变化的感应磁场又会产生感应电流来抵制线圈中电流的变化。这种电流与线圈的相互作用关系称为电的感抗，也就是电感，单位是亨利（H）。

（3）VCR 方程：是某一元件的电压与电流之间的关系。

电容元件：$i = C\dfrac{\mathrm{d}u}{\mathrm{d}t}$，或 $u(t) = u(t_0) + \dfrac{1}{C}\displaystyle\int_0^t i\mathrm{d}t$，写成相量式为：$\dot{U} = \dfrac{1}{\mathrm{j}\omega C}\dot{I}$。

电感元件：$u = L\dfrac{\mathrm{d}i}{\mathrm{d}t}$ 或 $i(t) = i(t_0) + \dfrac{1}{L}\displaystyle\int_0^t u\mathrm{d}t$，写成相量式为：$\dot{U} = \mathrm{j}\omega L\dot{I}$。

电阻元件：$u = iR$，写成相量式为：$\dot{U} = \dot{I}R$。

3．典型的一阶电路

1）RC 积分电路

实现积分电路的方法很多，最简单的组成方法是由满足一定条件的 RC 串联电路构成。如图 1-3-1（a）所示，由 C 两端的电压作为响应输出，且当电路的参数满足 $\tau = RC \gg T/2$ 时，则该 RC 电路称为积分电路。此时电路的输出信号电压与输入信号电压的积分成正比。利用积分电路可以将方波转变成三角波。

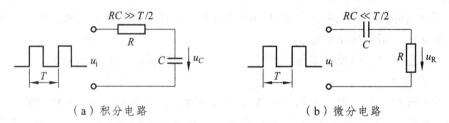

（a）积分电路　　　　　　　　　　（b）微分电路

图 1-3-1　RC 积分电路与微分电路

2）RC 微分电路

微分电路也可以与积分电路一样用 R、C 串联电路构成，但有两个关键的不同点：一是电路的电容与电阻比积分电路要小，要求满足 $\tau = RC \ll T/2$；二是响应输出是取电阻两端的电压。

如图 1-3-1（b）所示，在方波序列脉冲的重复激励下，当满足 $\tau = RC \ll T/2$（T 为方波脉冲的重复周期）且由 R 两端的电压作为响应输出时，该电路就是一个微分电路。此时电路的输出信号电压与输入信号电压的微分成正比。利用微分电路可以将方波转变成尖脉冲。

3）RC 电路的时间常数 τ

电路的时间常数是表示电路过渡过程快慢的一个量。对零输入响应电路，时间常数 τ 是输出信号由最大值衰减到原来的 0.368 倍（1/e）时所用的时间。对零状态响应电路，时间常数 τ 是指输出信号由零增加到最大值的 0.632 倍（1 – 1/e）所用的时间。对于一阶微分电路，在方波（$T \gg RC$）输入时，电容充放电的波形曲线如图 1-3-2 所示。理论证明，一阶积分与微分电路的时间常数均为 $\tau = RC$。

4. 典型的二阶电路

含有 2 个动态元件的电路称为二阶电路。二阶电路可以用二阶微分方程进行描述。最简单的二阶电路是 RLC 串联电路和 RLC 并联电路，如图 1-3-3 所示。由于给定的初始条件应有两个，它们由储能元件的初始值决定。所以，其动态响应特性有许多种。一个二阶电路在方波正、负阶跃信号的激励下，可获得零状态与零输入响应。下面仅就其中的一种情况进行研究。

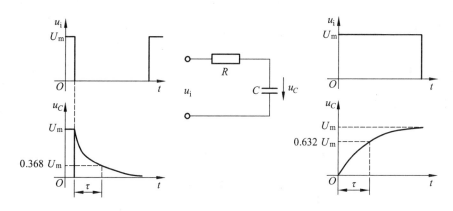

图 1-3-2　一阶电路的时间常数

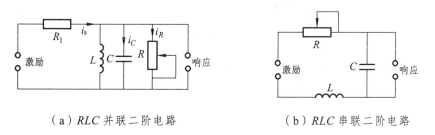

（a）RLC 并联二阶电路　　　　　　（b）RLC 串联二阶电路

图 1-3-3　典型二阶电路

1）RLC 并联二阶动态电路

如图 1-3-3（a）所示，由 RLC 并联构成一个二阶电路。其中 R_1 为隔离电阻，函数信号发生器提供方波信号，在方波正、负阶跃信号的激励下，可获得零状态与零输入响应。

电路的响应方程为：

$$LC\frac{\mathrm{d}^2 i_L}{\mathrm{d}t^2} + \frac{L}{R}\frac{\mathrm{d}i_L}{\mathrm{d}t} + i_L = i_s$$

特征方程为：$P^2 + \frac{1}{RC}P + \frac{1}{LC} = 0$

微分方程的特征方程的根为：$P_{1,2} = -\frac{1}{2RC} \pm \sqrt{\left(\frac{1}{2RC}\right)^2 - \frac{1}{LC}}$

令：

$$\frac{1}{2RC} = \sigma \qquad (\sigma \text{ 称为衰减系数})$$

$$\frac{1}{\sqrt{LC}} = \omega_0 \qquad (\omega_0 \text{ 称为固有振荡角频率})$$

$$\frac{1}{LC} - \left(\frac{1}{2RC}\right)^2 = \omega_d^2 \qquad (\omega_d \text{ 称为振荡角频率})$$

则特征方程的根可表示为：$P_{1,2} = -\sigma \pm \sqrt{\sigma^2 - \omega_0^2}$

RLC 并联二阶动态电路的响应变化轨迹由电路的二阶常微分方程的特征根决定。

当调节电路的元件参数值，使电路的特征根分别为两个不相等的负实根（$R < \frac{1}{2}\sqrt{\frac{L}{C}}$）、一对实部为负的共轭复数根（$R > \frac{1}{2}\sqrt{\frac{L}{C}}$）及一对相等的负实根（$R = \frac{1}{2}\sqrt{\frac{L}{C}}$）时，在实验中可获得过阻尼、欠阻尼和临界阻尼三种响应图形。图 1-3-4 所示为欠阻尼状态下，方波输入时的响应波形。

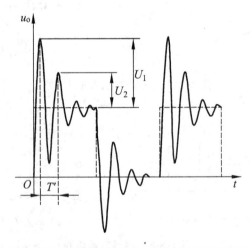

图 1-3-4 RLC 并联二阶响应欠阻尼状态下的输出波形

从波形中测得欠阻尼振荡的周期 T' 与相邻周期的振幅 U_1 与 U_2，则可求出衰减常数 α 与振荡频率 ω_d。

14

四、实验设备（见表 1-3-1）

表 1-3-1 实验设备

序号	名 称	型号与规格	数量	备注
1	电工电路技术实验装置	DGJ-01	1	实验平台
2	数控智能函数信号发生器	$f = 1\,kHz$，占空比为 1:1	1	含频率计
3	双踪示波器	GDS-1052，50 MHz	1	备用
4	电路基本实验箱	一阶、二阶动态电路模块	1	DGJ-03

五、实验内容与基本步骤

1. RC 一阶电路的响应特性测试

动态电路实验板的元件如图 1-3-5 所示，请认清 R、C 元件的布局及其标称值，以及各开关的通断位置等。

图 1-3-5 一阶二阶动态电路面板

（1）测定 RC 一阶电路的时间常数。

从电路板上选 $R = 10\,k\Omega$，$C = 6\,800\,pF$ 组成如图 1-3-2 所示的 RC 一阶充放电电路。u_i 为由信号发生器输出的 $U_{P-P} = 3\,V$、$f = 1\,kHz$（$T = 1\,ms$）的方波电压信号，用两根同轴电缆线将激励源 u_i 和响应信号 u_C 分别连接至数字示波器的两个输入口 Y_A 和 Y_B。这时从示波器的屏幕上可以观察到激励与响应的变化规律，并且可以从示波器上直接测出时间常数 τ（测量方法见示波器使用说明书）。

改变电容值为 $C = 1\,000\,pF$，定性地观察对响应的影响，并将结果记录到实验报告中的表 1-3-1 中。

（2）用示波器观察积分电路对方波的作用效果。

选 $R = 10\ \text{k}\Omega$，$C = 0.1\ \mu\text{F}$，$\tau_{\text{理}} = 1\ \text{ms}$，组成如图 1-3-1（a）所示的积分电路。记录波形图到实验报告中的表 1-3-2 中。

（3）用示波器观察微分电路对方波的作用效果。

选 $R = 100\ \Omega$，$C = 0.01\ \mu\text{F}$，$\tau_{\text{理}} = 0.001\ \text{ms}$，组成如图 1-3-1（b）所示的微分电路。观测并记录激励与响应的波形到实验报告中的表 1-3-1 中。

2. RLC 并联二阶动态电路响应特性测试

（1）连接电路与选择激励信号。

利用一阶、二阶动态电路实验板中的元件与开关配合作用，组成如图 1-3-3 所示的 RLC 并联电路。其中，$R_1 = 10\ \text{k}\Omega$，$L = 4.7\ \text{mH}$，$C = 1\,000\ \text{pF}$，R 为 $10\ \text{k}\Omega$ 的可调电阻。

激励源 u_s 为方波信号，由函数信号发生器输出，$U_{\text{P-P}} = 1.5\ \text{V}$，$f = 1\ \text{kHz}$（$T = 1\ \text{ms}$），通过同轴电缆线将 u_s 接到激励端，同时将激励源 u_s 和响应 u_o 的信号分别连接至数字示波器的两个输入口 Y_A 和 Y_B。

（2）观察三种状态时的响应曲线。

调节可变电阻器 R 之值，观察二阶电路的零输入响应和零状态响应由过阻尼过渡到临界阻尼，最后过渡到欠阻尼的变化过程，分别定性地描绘、记录响应的典型变化波形到实验报告中的表 1-3-1 中。

（3）测定欠阻尼时的衰减常数和振荡频率。

调节可变电阻器 R，使示波器屏上呈现稳定的欠阻尼响应波形，分别测量图 1-3-4 所示波形图中的欠阻尼振荡的周期 T' 与相邻周期的振幅 U_1 与 U_2，则可求出衰减常数 α 与振荡频率 ω_d。计算公式为 $\omega_d = 2\pi / T'$，$\alpha = \dfrac{1}{T'} \ln \dfrac{U_2}{U_1}$，将相关数据记入实验报告中的表 1-3-3 中。

（4）衰减常数和振荡频率与电路参数的关系。

改变一组电路参数，重复上述步骤（3），测量对应的衰减常数 α 与振荡频率 ω_d。将相关数据记入实验报告中的表 1-3-3 中。

六、实验注意事项

（1）实验前，进一步了解双踪示波器的使用方法，可从信号源直接输入信号进行调节。

（2）信号源与示波器的接地线要连在一起（共地）。

（3）实验中的电路较多，要按顺序一步一步做。

（4）观察双踪时，显示要稳定，如不同步，则可采用外同步触发方式。

实验四 正弦稳态交流电路研究

一、实验基本任务

（1）测定正弦稳态交流 RC 电路中各电压、电流相量之间的关系；
（2）连接日光灯线路，并测量电压、电流、功率与功率因数；
（3）实现日光灯电路功率因数的提高。

完成任务：（1）的满分为 60 分，（1）+（2）的满分为 90 分，（1）+（2）+（3）的满分为 100 分

二、实验目的与要求

（1）学会根据电路原理图正确连接测量电路；
（2）会用电工仪表测量交流电压、电流、功率和功率因数；
（3）了解正弦稳态电路中电压、电流相量之间的相位关系；
（4）通过日光灯电路，了解功率因数的意义与改善方法。

三、实验原理

1. 基本概念

1）正弦稳态电路

线性时不变动态电路在角频率为 ω 的正弦电压源或电流源激励下，随着时间的增长，当暂态响应消失，只剩下正弦稳态响应，电路中全部电压、电流都是角频率为 ω 的正弦波时，称电路处于正弦稳态。满足这类条件的动态电路通常称为正弦交流电路或正弦稳态电路。

2）相量法

相量法是分析正弦稳态电路的一种简单易行的方法。正弦电压量 $u = \sqrt{2}U\cos(\omega t + \phi_u) = U_m\cos(\omega t + \phi_u)$ 与正弦电流量 $i = \sqrt{2}I\cos(\omega t + \phi_i) = I_m\cos(\omega t + \phi_i)$，分别用相量表示为 $\dot{U} = Ue^{j\phi_u} = U\angle\phi_u$、$\dot{I} = Ie^{j\phi_i} = I\angle\phi_i$。其中 U、I 分别为电压与电流的有效值；$U_m = \sqrt{2}U$，$I_m = \sqrt{2}I$ 对应于电压与电流的最大值；ω 为正弦电压与电流的角频率；ϕ_u，ϕ_i 分别为电压与电流的初相位；$\omega t + \phi_u$，$\omega t + \phi_i$ 分别为电压与电流的在 t 时刻的相位。相量在复平面表示的图形称为相量图，如图 1-4-1 所示。

KCL 方程的相量表示为：$\sum\dot{I} = \dot{I}_1 + \dot{I}_2 + \dot{I}_3 + \cdots + \dot{I}_k + \cdots = 0$

KVL 方程的相量表示为：$\sum\dot{U} = \dot{U}_1 + \dot{U}_2 + \dot{U}_3 + \cdots + \dot{U}_k + \cdots = 0$

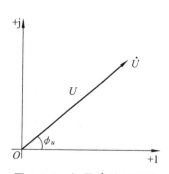

图 1-4-1 相量 $\dot{U}$ 的相量图

3）电阻 R、电感 L 和电容 C 的电流与电压的相量关系

电阻：VCR 的相量表示为 $\dot{U} = R\dot{I}$，电压与电流同相。

电感：VCR 的相量表示为 $\dot{U} = j\omega L\dot{I}$，电流不能突变，先有电压后有电流，电压超前电流 90°。

电容：VCR 的相量表示为 $\dot{U} = -j\dfrac{1}{\omega C}\dot{I} = \dfrac{1}{j\omega C}\dot{I}$，电压不能突变，先有电流后有电压，电压滞后电流 90°。

实验时，通过双踪示波器分别测量电压与电流信号，可直接观察到二者的相位差。

4）阻　　抗

一端口的端电压相量 $\dot{U}$ 与电流相量 $\dot{I}$ 的比值定义为一端口的阻抗 Z，欧姆定律可写为：$\dot{U} = Z\dot{I}$。在具有电阻、电感和电容的电路里，阻抗常用 $Z = R + jX$ 表示，是一个复数（不是正弦量，不能在其上加"·"），又称为复阻抗。实部称为电阻 R，虚部称为电抗 X。当 $X > 0$ 时，Z 称为感性阻抗；当 $X < 0$ 时，Z 称为容性阻抗，单位均为欧姆（Ω）。

电感与电容在电路中对交流电所起的阻碍作用分别称为感抗 $X_L = \omega L$ 与容抗 $X_C = \dfrac{1}{\omega C}$，电容和电感串联时的总阻抗称为电抗 $X = X_L - X_C = \omega L - \dfrac{1}{\omega C}$。

5）电阻 R、电感 L 和电容 C 的阻抗与频率的关系

在正弦信号作用下，R、L、C 的阻抗与频率的特性曲线如图 1-4-2 所示。

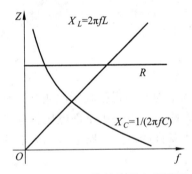

图 1-4-2　R、L、C 元件的阻抗与频率特性曲线

实验时，改变激励电压信号的频率，并保持激励电压信号的有效值 U 不变，测量通过元件的电流有效值 I，则三种元件的阻抗大小分别为 $Z = U / I$。

6）瞬时功率与平均功率（有功功率）、视在功率与功率因数

瞬时功率：一端口 N 吸收的瞬时功率 p 等于电压 u 和电流 i 的乘积，即 $p = ui$。p 往往是两个同频率正弦量的乘积，是一个随时间作周期变化的非正弦周期量，单位为瓦特（W）。

平均功率（有功功率）：平时电器标记的功率都是周期量的平均功率，即 $P = \dfrac{1}{T}\int_0^T ui\,dt$，单位为瓦特（W）。可以证明，电阻的平均功率 $P_R = RI^2$，电阻吸收功率；电感与电容的平均功率 $P_L = P_C = 0$，表示一段时间内吸收功率，另一段时间内释放功率，一个周期内吸收的功率为零。

视在功率：视在功率为一端口上电压与电流有效值的乘积，单位为伏安（V·A），即 $S = UI$。

功率因数：功率因数为有功功率与视在功率之比，即 $\cos\phi_Z = \dfrac{P}{UI}$，其中 $\phi_Z = \arccos\dfrac{R}{|Z|}$ 称为阻抗角或功率因数角。

2. 正弦稳态 RC 电路中各电压、电流相量之间的关系

实验电路如图 1-4-3 所示，通过测量灯泡、电容上的电压有效值，验证电压三角形关系。由于电阻（灯泡）的电压与电流是同相的，而电容的电压滞后电流 90°，所以总电压滞后电流 ϕ，如图 1-4-4 所示。

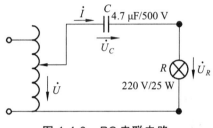

图 1-4-3　RC 串联电路

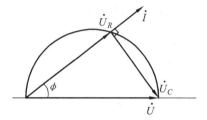

图 1-4-4　RC 串联电路电压三角形

在 50 Hz、220 V 的交流电，25 W 的白炽灯泡额定工作时的电阻为 $R_0 = \dfrac{U^2}{P} = \dfrac{220^2}{25} = 1\,936\ (\Omega)$，4.7 μF 电容器的容抗为 $X_C = \dfrac{1}{2\pi fC} = \dfrac{1}{314 \times 4.7 \times 10^{-6}} = 677.6\ (\Omega)$，所以电路的总阻抗为

$$Z = \sqrt{R^2 + X_C^2} = \sqrt{1\,936^2 + (677.6)^2} = 2\,051\ (\Omega)$$

对应的电压值分别为：

$$U_{R\text{理}} = \frac{R}{Z}U = \frac{1\,936}{2\,051} \times 220 = 207.7\ (\text{V})$$

$$U_{C\text{理}} = \frac{X_C}{Z}U = \frac{677.6}{2\,051} \times 220 = 72.7\ (\text{V})$$

3. 电感式日光灯电路及其工作原理

尽管目前多数日光灯采用电子式镇流器，但了解电感式镇流器组成的日光灯电路仍有重要意义。

电感式日光灯的结构如图 1-4-5 所示，K 闭合时，日光灯管不导电，全部电压加在启辉器两触片之间，使启辉器中氖气击穿，产生气体放电，此放电产生的一定热量使双金属片受热膨胀与固定片接通，于是有电流通过日光灯管两端的灯丝、启辉器和镇流器。短时间后双金属片冷却收缩与固定片断开，电路中电流突然减小；根据电磁感应定律，这时镇流器两端产生一定的感应电动势，使日光灯灯管两端产生 400 ~ 500 V 高压，灯管气体电离，产生放电，日光灯点燃发亮。日光灯点燃后，灯管两端电压降为 100 V 左右，这时由于镇流器的限流作用，灯管中电流不会过大。同时并联在灯管两端的启辉器也因电压降低而不能放电，其触片保持断开状态。日光灯工作后，灯管相当于一电阻 R，镇流器可等效为电阻 R_L 和电感 L 的串

联，启辉器断开，整个电路可等效为 R、L 串联电路，其电路模型如图 1-4-6 所示。

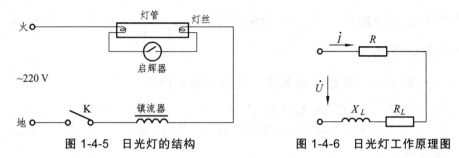

图 1-4-5　日光灯的结构　　　　图 1-4-6　日光灯工作原理图

4. 功率因数的改善

由于电感式镇流器日光灯电路的阻抗为感性，为了提高功率因数，可以采用并联电容的方式，如图 1-4-7 所示（虚线部分为并联电容）。

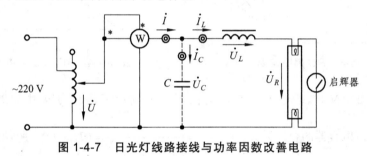

图 1-4-7　日光灯线路接线与功率因数改善电路

四、实验设备（见表 1-4-1）

表 1-4-1　实验设备

序号	名　称	型号与规格	数量	备　注
1	电工电路技术实验装置	DGJ-01	1	实验平台
2	交流电压表	0～500 V	1	仪表区
3	交流电流表	0～5 A	1	仪表区
4	智能功率、功率因数表	DGJ-06-1	1	
5	白炽灯、镇流器、启辉器、电流插座等	30 W 日光灯实验器件	各 1	DGJ-04
6	日光灯	30 W	1	屏　内
7	电容器	1 μF，2.2 μF，4.7 μF/500 V	各 1	DGJ-05 元件箱

五、实验内容与基本步骤

1. 验证 RC 串联电路在正弦稳态时的电压三角形

利用交流电路实验箱 DGJ-4 中的三相负载模块与日光灯器件实验模块中的灯泡与电容，按图 1-4-3 所示连接好实验电路，电阻 R 用 220 V/25 W 的白炽灯泡，可并联多个，或采用不同功率的灯泡代替不同的电阻值。电容器为 4.7 μF／500 V。经指导教师检查后，接通实验台电源，电源通过自耦调压器调至交流 220 V。通过测量灯泡、电容上的电压有效值，验证电压直角三角形关系 $U^2 = U_R^2 + U_C^2$，与理论计算结果进行比较。将测量数据记入实验报告中的表 1-4-1 中。

2. 日光灯电路的接线与测量

利用交流电路实验箱 DGJ-4 中日光灯器件实验模块中的元件，按图 1-4-7 接线，经指导教师检查后接通实验台，调节自耦调压器的输出，使其输出电压缓慢增大，直到日光灯刚好启辉点亮为止，记下有功功率表读数 P、用交流电压表测量调压器的输出电压 U、用交流电流表测量日光灯的电流 I，填入实验报告中的表 1-4-2 中。然后将电压调至 220 V，测量功率 P、电流 I 及电压 U、U_L、U_R 填入表 1-4-2 中。

取下启辉器，试用短路方式启辉日光灯。

3. 并联电容改善功率因数

实验电路如图 1-4-7 所示，并接电容可取元件箱中的耐压值为 500 V 的电容。经指导教师检查后接通实验台，调节自耦调压器的输出至 220 V，记录功率表、电压表读数，通过一只电流表和三个电流插座分别测得三条支路的电流。改变电容值，进行三次重复测量，数据填入实验报告中的表 1-4-3 中。

六、实验注意事项

（1）本实验用交流市电 220 V，务必注意用电和人身安全，通电后一定要采用单手操作。
（2）功率表要正确接入电路。

实验五　RLC 谐振电路频率特性研究

一、实验基本任务

（1）测量 RLC 串联谐振电路的谐振频率与品质因数；

（2）测量 RLC 串联谐振电路的幅频特性曲线；

（3）测量 RLC 并联谐振电路的谐振频率。

完成任务：（1）的满分为 60 分，（1）+（2）的满分为 90 分，（1）+（2）+（3）的满分为 100 分。

二、实验目的与要求

（1）了解基本交流电路的频率特性；

（2）掌握 *RLC* 串联与并联谐振的谐振频率；

（3）理解电压谐振、电流谐振、品质因数、通频带等概念；

（4）会通过电路测量谐振频率、品质因数、通频带等。

三、实验原理

1. 基本概念

1）频率特性

电路和系统的工作状态跟随频率而变化的现象，称为电路和系统的频率特性，又称为频率响应。

2）网络函数

采用单输入（一个激励变量）-单输出（一个输出变量）的方式，在输入和输出变量之间建立函数关系，来描述电路的频率特性，这个函数关系就称为电路和系统的网络函数。即

$$H(j\omega) = \frac{\dot{R}_k(j\omega)}{\dot{E}_{sj}(j\omega)}$$

式中，$\dot{R}_k(j\omega)$ 为输出端口 k 的响应，为电压相量 $\dot{U}_k(j\omega)$ 或电流相量 $\dot{I}_k(j\omega)$；$\dot{E}_{sj}(j\omega)$ 为输入端口 j 的输入变量（正弦激励），为电压源相量 $\dot{U}_{sj}(j\omega)$ 或电流源相量 $\dot{I}_{sj}(j\omega)$。

2. 两种典型的交流电路

1）RLC 串联电路与频响曲线

如图 1-5-1 所示，RLC 串联电路由电阻 R、电感 L 和电容 C 元件串联组成。根据相量法，电路的输入阻抗为：

$$Z(\mathrm{j}\omega) = R + \mathrm{j}\left(\omega L - \frac{1}{\omega C}\right)$$

由于串联电路中同时存在着电感和电容，两者的频率特性相反（感抗与 ω 成正比，而容抗与 ω 成反比），而且电抗角相差 180°，所以可以肯定，一定存在一个角频率 ω_0 使感抗与容抗相互完全抵消，即 $X(\mathrm{j}\omega_0) = 0$。阻抗 $Z(\mathrm{j}\omega)$ 以 ω_0 为中心，在全频域内随频率变动的情况分为三个频区：$\omega < \omega_0$ 容性区，$\omega = \omega_0$ 电阻区，$\omega > \omega_0$ 感性区。容抗、感抗、阻抗随频率变化的频响曲线如图 1-5-2 所示。

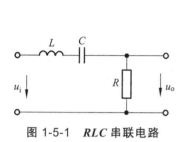

图 1-5-1 *RLC* 串联电路

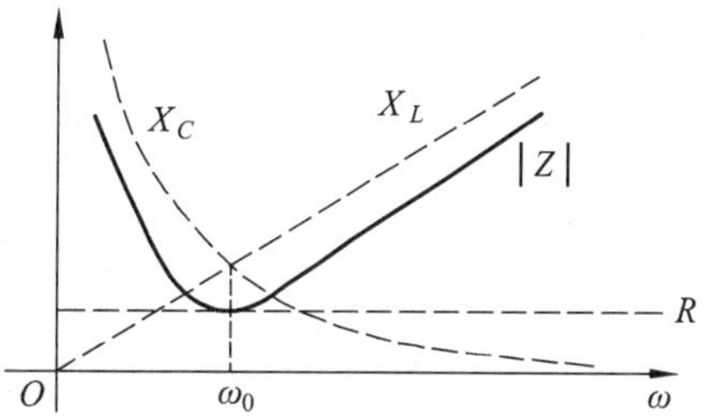

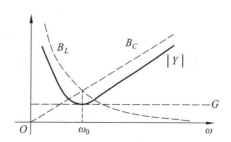

图 1-5-2 容抗、感抗与阻抗随频响曲线

2）RLC 并联电路与频响曲线

如图 1-5-3 所示，RLC 并联电路由电阻 R、电感 L 和电容 C 元件并联组成，是与 RLC 串联电路相对应的另一种电路。根据相量法，电路的输入导纳为

$$Y(\mathrm{j}\omega) = G + \mathrm{j}(B_C - B_L) = \frac{1}{R} + \mathrm{j}\left(\omega C - \frac{1}{\omega L}\right)$$

类似地，一定存在一个角频率 ω_0，使 RLC 并联电路的容纳与感纳相互完全抵消，即 $Y(\mathrm{j}\omega_0) = G = 0$。阻抗 $Y(j\omega)$ 以 ω_0 为中心，在全频域内随频率变动的情况分为三个频区：$\omega < \omega_0$ 感性区，$\omega = \omega_0$ 电导区，$\omega > \omega_0$ 容性区。容纳、感纳、导纳随频率变化的频响曲线如图 1-5-4 所示。

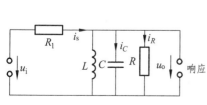

图 1-5-3 *RLC* 并联电路

图 1-5-4 容纳、感纳与导纳随频响曲线

3. 谐振与谐振电路

在具有电阻 R、电感 L 和电容 C 元件的交流电路中，电路两端的电压与电流的相位一般是不同的。如果调节电路元件（L 或 C）的参数或电源频率，可以使它们相位相同，使整个电路呈现为纯电阻性。电路达到这种状态时称之为谐振。能够实现谐振的电路称为谐振电路。谐振电路可分为串联谐振电路与并联谐振电路。

1）RLC 串联谐振

对于 RLC 串联电路，当 $\omega = \omega_0$ 时，整个电路呈现为纯电阻性，这时称之为串联谐振，又称为电压谐振。串联谐振时，电容与电感上的电压相位相反，其值均是电源电压的 Q（品质因数）倍，所以电容与电感的耐压值必须超过电源最大值的 Q 倍。

2）RLC 并联谐振

对于 RLC 并联电路，当 $\omega = \omega_0$ 时，整个电路呈现为纯电导性，这时称之为并联谐振，又称为电流谐振。并联谐振时，电容与电感上的电流相位相反，其值是电源电流的 Q（品质因数）倍，形成在电容与电感之间循环的大电流，这时电感线圈要足够粗，电容的性能要好。

本实验中通过改变电源频率来研究电路的幅频特性曲线。

4. RLC 串联谐振电路的特性曲线与特征参数

1）幅频特性曲线（谐振曲线）

若在图 1-5-1 所示的 RLC 串联电路中接入一个电压幅度一定、频率 f 连续可调的正弦交流信号源，则电路中的容抗 $X_C = \dfrac{1}{\omega C} = \dfrac{1}{2\pi f C}$、感抗 $X_L = \omega L = 2\pi f L$ 将随频率改变而变化，如图 1-5-2 所示。取电阻 R 上的电压 u_o 作为响应，当输入电压 u_i 的幅值保持不变时，在不同频率的信号激励下，测出 U_o 之值，就可反映出电路中电流 I（与 U_o 成正比）随 f 的变化。

实验中，以 f 为横坐标、$\dfrac{U_o}{U_i}$ 为纵坐标（因 U_i 不变，故也可直接以 U_o 为纵坐标），绘出光滑的曲线，此即为幅频特性曲线，亦称谐振曲线，如图 1-5-5 所示。

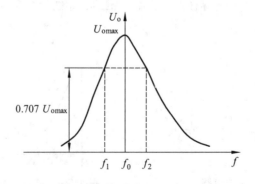

图 1-5-5　幅频特性曲线（谐振曲线）

2）谐振频率 f_0

幅频特性曲线尖峰所对应的频率点称为谐振频率。理论上可计算出，当 $f = f_0 = \dfrac{1}{2\pi\sqrt{LC}}$ 时，$X_L = X_C$，此时电路呈纯阻性，电路阻抗的模为最小 $|Z| = R$，在输入电压 u_i 为定值时，电路中的电流达到最大值，且与输入电压 u_i 同相位。

3）通频带宽度 BW

$$BW = f_2 - f_1$$

其中 f_2 和 f_1 是电路失谐时，输出电压的幅度下降到最大值的 $1/\sqrt{2} = 0.707$ 倍时所对应的上、下频率点，如图 1-5-5 所示。

4）品质因数 Q

品质因数 Q 是反映谐振电路的固有性质的，由电路结构与参数决定。对于 RLC 串联谐振电路：$Q = \dfrac{1}{R}\sqrt{\dfrac{L}{C}}$。

测量品质因数的方法很多，如电压法：$Q = \dfrac{U_L}{U_O} = \dfrac{U_C}{U_O}$，其中，$U_L$、$U_C$ 和 U_O 为谐振时电感、电容与电阻上的电压。通频带法：$Q = \dfrac{f_0}{BW} = \dfrac{f_0}{f_2 - f_1}$。

Q 值越大，曲线越尖锐，通频带越窄，电路的选择性越好。在恒压源供电时，电路的品质因数、选择性与通频带只决定于电路本身的参数，而与信号源无关。

5. RLC 并联谐振电路的特性曲线与特征参数

1）特性曲线（谐振曲线）

实验所用的 RLC 并联电路如图 1-5-3 所示，R_1 用于测量信号源的输出电流，实验中保持 R_1 上电压幅度一定（通过调节信号源输出电压）、连续调节信号源的频率 f，则电路中的容纳 $B_C = \omega C = 2\pi f C$、感纳 $B_L = \dfrac{1}{\omega L} = \dfrac{1}{2\pi f L}$ 随之而变。对电导两端的电压进行测量与观察，以 f 为横坐标，以 U_o 为纵坐标，绘出光滑的曲线，此即为幅频特性曲线，亦称谐振曲线。与串联时完全相似。

2）谐振频率 f_0

由并联谐振的条件，可得出当 $f = f_0 = \dfrac{1}{2\pi\sqrt{LC}}$ 时，电路呈纯阻性，输入导纳为最小值 $Y(\mathrm{j}\omega_0) = G + \mathrm{j}\left(\omega_0 C - \dfrac{1}{\omega_0 L}\right) = G$，或者说输入阻抗为最大值 $Z(\mathrm{j}\omega_0) = R$。

3）品质因数 Q

对于 RLC 并联谐振电路：$Q = \dfrac{1}{G}\sqrt{\dfrac{C}{L}}$。

测量品质因数的方法很多，如电流法：$Q = \dfrac{I_L(\omega_0)}{I_{\mathrm{s}}}$，其中，$I_L(\omega_0)$ 和 I_{s} 为谐振时电感上的电流与信号源的输出电流。

四、实验设备（见表 1-5-1）

表 1-5-1　实验设备

序号	名　称	型号与规格	数量	备　注
1	电工电路技术实验装置	DGJ-01	1	实验平台
2	函数信号发生器	数控智能函数信号发生器	1	正弦波输出
3	交流毫伏表	$0 \sim 600\ \mathrm{V}$	1	仪表区
4	频率计	数控智能函数信号发生器	1	
5	电阻、电容、电感元件	元件箱	各 1	DG-05
5	电路基本实验箱	RLC 串联谐振电路模块	1	DG-03

五、实验内容与基本步骤

1. 测量串联谐振电路的参数——谐振频率、品质因数

实验线路如图 1-5-6 所示，示波器用于监视信号源的输出电压保持不变（ $u_i = 4\mathrm{V}_{P-P}$ ）。数字毫伏表用于测量输出电压与电感、电容的电压值。

（1）按图 1-5-6 接好电路，其中 $C = 0.01\ \mu\mathrm{F}$，$L = 30\ \mathrm{mH}$，$R = 200\ \Omega$。将数字毫伏表接在电阻 R 两端。

（2）将信号源的频率慢慢地由低向高调整，输出电压保持不变。当 U_o 的读数为最大时，读得频率计上的频率值即为电路的谐振频率 f_0。

（3）电路谐振时，将交流毫伏表分别接到电容与电感的两端测量电压 U_C 与 U_L，（注意及时更换毫伏表的量限）。重复测两次，将数据填入实验报告中的表 1-5-1 中。

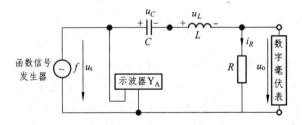

图 1-5-6　RLC 串联谐振电路

2. 测量串联谐振电路的特性曲线

在谐振点两侧，按频率递增或递减 500 Hz（谐振点附近）或 1 kHz，依次取 8 个测量点，逐点测出 U_o 之值，其中第 5 点为 $U_{o\max}$，第 2 点与第 8 点为 0.707$U_{o\max}$，将数据记入实验报告中的表 1-5-2 中。

3. 测量并联谐振电路谐振频率

实验线路如图 1-5-7 所示。示波器用于监视信号源的输出电流保持不变（$u_{R1} = 1V_{P-P}$）。数字毫伏表用于测量输出电压值。

（1）按图 1-5-7 接好电路，其中 $R_1 = 1\,\text{k}\Omega$，$C = 0.01\,\mu\text{F}$，$L = 30\,\text{mH}$，$R = 200\,\Omega$。将数字毫伏表接在电阻 R 两端。

（2）将信号源的频率慢慢地由低向高调整，示波器上的电压波形保持不变。当 U_o 的读数为最大时，读得频率计上的频率值即为电路的谐振频率 f_0。重复测量 3 次，将数据填入实验报告中的表 1-5-3 中。

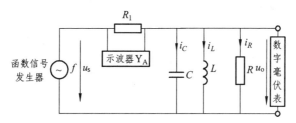

图 1-5-7　RLC 并联谐振电路

六、实验注意事项

（1）测量过程中示波器上的电压信号幅度要保持不变。

（2）测量谐振频率与品质因数时可多测几组求平均值。

（3）用数字式毫伏表进行测量时，要识别电流插头所接电流表的"＋""－"极性，在测量串联电路时，一定要注意更换量程（为什么？）。

（4）实验前可认真复习一下双踪示波器的使用方法。

实验六　三相负载特性与变压器特性研究

一、实验基本任务

（1）测量 Y-Y 联结下带中性线与不带中性线时，平衡与非平衡负载时各相电压、线电压、线电流及中（零）线电流；

（2）测量 Y-△ 联结时，平衡与非平衡负载时各相电压、线电压、线电流；

（3）小型变压器的空载特性与外特性。

完成任务：（1）的满分为 60 分，（1）+（2）的满分为 90 分，（1）+（2）+（3）满分为 100 分。

二、实验目的与要求

（1）掌握三相电路的线电压与相电压、线电流与相电流及其在特定接法时的关系；

（2）掌握中性线对非平衡负载时的重要性；

（3）了解小型变压器的基本特性。

三、实验原理

1. 基本概念

（1）三相电路：是一种特殊的交流电路，由三相电源、三相负载和三相输电线路组成。世界各国电力系统中电能的生产、传输与供电方式大都采用三相制。对称三相电源是由三相发电机提供的，是三个等幅值、同频率、初相依次滞后 120° 的正弦电压源连接成星形（Y）或三角形（△）组成的电源。这三个电源依次称为 A 相、B 相和 C 相。我国三相系统电源频率为 $f = 50\ \text{Hz}$，入户电压为 220 V。

（2）单相负载：采用一根相线（L）（俗称火线）和一根中性线（N）（俗称零线）一起给用电设备提供电源，使其做功，就称为单相负载。如：电灯、电视机、洗衣机、电饭煲、空调、冰箱、电脑等。

（3）三相负载：采用三根相线（A、B、C 三相）或三根相线和一根中性线给用电设备提供电源，使其做功，就称为三相负载。当三相的阻抗相等时，称为对称三相负载。如三相交流电机、大功率三相空调器等为三相对称负载。但在许多情况下，三相的阻抗是不相等的，如居民用电是多种不同的电器组合而成，不同时间内各相的负载是不同的，这时称为非对称三相负载。

（4）星形联结：三相电源的星形接法是把三相电源三个绕组的末端 X、Y、Z 连接在一起，成为一中性点 N，引出一条导线称为中性线，从始端 A、B、C 引出三条导线称为端线，这种接法称为三相电源的星形接法，简称星形或 Y 形电源。

（5）三相负载的星形接法：将 A′、B′、C′ 三相的负载通过导线分别与电源的三根相线 A、B、C 相接，三相负载的另一端通过导线连接到一起为负载的中性点 N′。如果将负载的中性点 N′ 用导线与电源的中性点 N 相连，就与电源构成 Y-Y 联结。如图 1-6-1 所示。

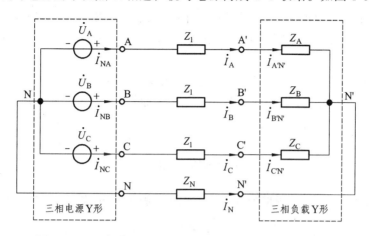

图 1-6-1　三相电源 Y 形 – 三相负载 Y 形连接（Y₀ 形）

（6）三角形联结：将三相电源（负载）依次连接成一个回路，再从端子 A、B、C（A′、B′、C′）引出端线，就成为三相电源（负载）的三角形联结。如图 1-6-2 所示。

有中性线的 Y-Y 联结称为三相四线制接法，即 Y₀ 接法。无中性线的 Y-Y 联结称为三相三线制接法，即 Y 接法。

如果电源为 Y 形，负载为 △ 形，二者连接后构成 Y-△ 形联结。还有 △-△ 联结、△-Y 联结，均属三相三线制。

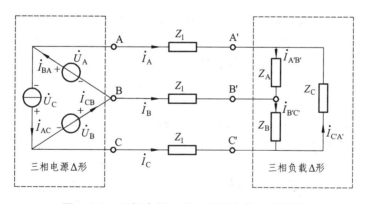

图 1-6-2　三相电源 △ 形 – 三相负载 △ 形联结

（7）线电流与相电流：如图 1-6-1、图 1-6-2 所示，流经传输线中的电流（$\dot{I}_A$、$\dot{I}_B$、$\dot{I}_C$）称为线电流，流经中性线中的电流（$\dot{I}_N$）称为中性线电流。三相电源和三相负载中每一相（每个支路）的电流（$\dot{I}_{NA}$、$\dot{I}_{NB}$、$\dot{I}_{NC}$、$\dot{I}_{A'N'}$、$\dot{I}_{B'N'}$、$I_{C'N}$、$\dot{I}_{BA}$、$\dot{I}_{CB}$、$\dot{I}_{AC}$、$\dot{I}_{A'B'}$、$\dot{I}_{B'C'}$、$\dot{I}_{C'A'}$）称为相电流。可以看出，对于 Y 形联结，线电流等于相电流；对于 △ 联结线，线电流不等于相电流。

（8）线电压与相电压：各传输线线端之间的电压称为线电压，如图 1-6-1、图 1-6-2 中所示电源端的 $\dot{U}_{AB}$、$\dot{U}_{BC}$、$\dot{U}_{CA}$ 和负载端的 $\dot{U}_{A'B'}$、$\dot{U}_{B'C'}$、$\dot{U}_{C'A'}$。三相电源和三相负载中每一

相的电压称为相电压，如图 1-6-1 中的三相负载各相的电压 $\dot{U}_{A'N'}$、$\dot{U}_{B'N'}$、$\dot{U}_{C'N'}$。由图 1-6-1 和图 1-6-2 可以看出，对于 Y 形联结，线电压不等于相电压；对于 △ 形联结，线电压等于相电压。

（9）同名端：对互感电路（如变压器），有两组线圈。规定施感电流流进一线圈的端子和在另一个线圈中的互感电压的正极性端子称为两耦合线圈的同名端，用星号或小黑点将它们标记出来。

（10）理想变压器：是一个端口的电压与另一个端口的电压成正比，且没有功率损耗的一种互易无源二端口网络。它是根据铁芯变压器的电气特性抽象出来的一种理想电路元件。

设变压器一次侧绕组与二次侧绕组的匝数比为 $n = \dfrac{N_1}{N_2}$，则 $n = \dfrac{N_1}{N_2} = \dfrac{U_1}{U_2} = \dfrac{I_2}{I_1}$。当理想变压器二次侧接一个电阻 R 时，反映到一次侧的等效输入电阻为 $n^2 R$。

2. 三相对称负载作星形联结时，线电压（流）与相电压（流）的关系

（1）线电流等于相电流，即 $I_L = I_P$。各相电流相等，相差 120°；中性线的电流为零。

（2）线电压等于 $\sqrt{3}$ 倍相电压，即 $U_L = \sqrt{3}U_P$，如果相电压为 220 V，则线电压为 380 V。

3. 三相对称负载作三角形联结时，线电压（流）与相电压（流）的关系

（1）线电流等于 $\sqrt{3}$ 倍相电流，即 $I_L = \sqrt{3}I_P$。

（2）线电压等于相电压，即 $U_L = U_P$。

4. 三相不对称负载作星形联结时，线电压（流）与相电压（流）的关系

（1）采用三相四线制接法即 Y_0 接法时。由于电源的对称性，连接中性线后，保证了每相的电压维持对称不变，仍有 $I_L = I_P$，$U_L = \sqrt{3}U_P$。这时各相电流不相等，中性线的电流也不会为零，因此，不对称负载时，中性线必须保证牢固连接，保证与端线相同的线径。

（2）采用三相三线制接法即 Y 接法时，也就是中性线断开时，会导致三相负载电压的不对称，负载中性点的电位不再为零，偏离原来的位置，致使负载轻的那一相的相电压升高，使负载遭受过压而损坏，负载重的一相相电压又过低，使负载不能正常工作。因此，对于不对称负载，必须采用 Y_0 接法，即有中性线的接法。

5. 三相不对称负载作三角形联结时，线电压（流）与相电压（流）的关系

（1）电源的线电压对称时，加在三相负载上的电压仍是对称的，对各相负载的工作没有影响，$U_L = U_P$ 不变。

（2）由于各相的负载不同，所以各相的电流也不同，即 $I_L \neq \sqrt{3}I_P$，且各线电流不相等。

6. 单相变压器特性

（1）用双踪示波器判别变压器绕组的同名端。如图 1-6-3 所示，先将变压器的一次侧与二次侧的一端连接到一起接地，一次侧加上 36 V 的交流信号，用双踪示波器的 Y_A 与 Y_B 分

别接变压器的一次侧与二次侧，观察信号。如果二者同相，则连接点为同名端。

（2）空载特性。变压器一次侧开路，一次侧电压与电流的关系称为变压器的空载特性。

（3）令负载依次增加一个 220 V/25 W 的灯泡，记录原边与副边的电压与电流。

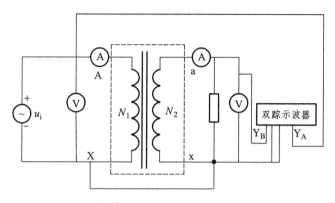

图 1-6-3　单相变压器实验图

四、实验设备（见表 1-6-1）

表 1-6-1　实验设备

序号	名　称	型号与规格	数量	备注
1	电工电路技术实验装	DGJ-01	1	实验平台
2	交流电压表	0~500 V	1	仪表区
3	交流电流表	0~5 A	1	仪表区
4	数字万用表	VC890D	1	备用
5	三相自耦调压器	三相调压输出	1	
6	三相灯组负载	220 V，25 W 白炽灯	9	
7	电流插头线	专用	1	
8	变压器	36 V、220 V	1	屏内
9	电阻器	51 Ω/8 W，510 Ω/2 W	各 1	DGJ-05 元件箱

五、实验内容与基本步骤

1. Y-Y 联结，带中性线（Y_0）与不带中性线（Y）时，测量各电压与电流

实验线路如图 1-6-4 所示，三相对称电源由实验台上的自耦变压器调节输出。三相负载为灯组，每组有三个 220 V/25 W 的白炽灯。接好线路后，将三相调压器的旋柄置于输出为 0 V 的位置。经指导老师检查后，方可开启实验台电源。

（1）调节调压器的输出，使输出的三相线电压 U_{AB}、U_{BC}、U_{CA} 为 110 V。分别测量三相负载的线电压、相电压、线电流、相电流、中线电流，填入实验报告中表 1-6-1 中。

（2）关闭电源，按实验报告中的表 1-6-1 的实验内容改变负载与中性线的连接，使三相负载不平衡、与电源构成 Y₀ 联结与 Y 联结，测量并记录相关电压与电流。

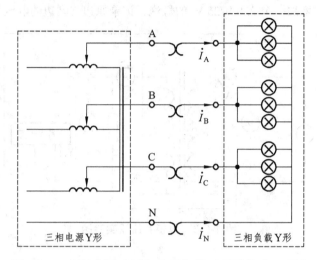

图 1-6-4　三相电源 Y 形 - 三相负载 Y 形联结（Y₀ 形）

2. Y-△ 联结，带中性线（Y₀）与不带中性线（Y）时，测量各电压与电流

（1）按图 1-6-5 改接线路，调节调压器从零开始增大，使输出线电压为 110 V。

（2）按实验报告中表 1-6-2 的内容测量并记录相关电压与电流值。

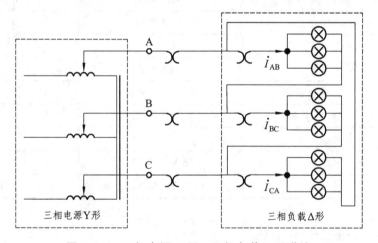

图 1-6-5　三相电源 Y 形 - 三相负载 △ 形联结

3. 单相变压器基本特性测试

（1）用双踪示波器判别变压器绕组的同名端：如图 1-6-3 所示，先将变压器的一次侧与二次侧的一端连接到一起接地，一次侧加上 36 V 的交流信号，用双踪示波器的 Y_A 与 Y_B 分别接变压器的一次侧与二次侧，观察信号。如二者同相，则连接点为同名端。

（2）测空载特性：变压器二次侧开路，测量一次侧的电流、电压及二次侧的电压值，记录数据到实验报告中的表 1-6-3 的第一行中。

（3）测外特性曲线：令负载依次增加一个 220 V/25 W 的灯泡（最多 5 个），记录一次侧与二次侧的电压与电流到实验报告中的表 1-6-3 中。

六、实验注意事项

（1）通电前一定要认真检查，操作时要单手操作，更换灯泡或换线时一定要先断电。

（2）每次实验完毕，均需将三相调压器调回零。

（3）在没有中性线时的非对称负载实验中，要将三相电源的电压调低，确保负载中的最高相电压不超过 240 V，否则实验台会声光报警并跳闸。

实验七　三相鼠笼式异步电动机运行控制

一、实验基本任务

（1）用交流接触器与按钮实现三相电机的点动与自锁控制；

（2）三相鼠笼式异步电动机联锁正/反转控制；

（3）三相鼠笼式异步电动机接触器与按钮双重联锁正/反转控制。

完成任务：（1）的满分为 70 分，（1）＋（2）的满分为 90 分，（1）＋（2）＋（3）满分为 100 分。

二、实验目的与要求

（1）掌握三相电机的点动与自锁原理；

（2）了解三相电机的正/反转控制方法；

（3）了解三相电机的按钮双重联锁控制电路。

三、实验原理

1. 三相鼠笼式异步电动机的结构与铭牌

异步电动机是基于电磁原理把交流电能转换为机械能的一种旋转电机。

1）三相鼠笼式异步电动机的基本结构

三相鼠笼式异步电动机的基本结构有定子和转子两部分。定子主要由定子铁芯、三相对称定子绕组和机座等组成，是电动机的静止部分。三相定子绕组一般有 6 根引出线，出线端装在机座外面的接线盒内，如图 1-7-1 所示，根据三相电源电压的不同，三相定子绕组可以接成星形（Y）或三角形（△），然后与三相交流电源相连。转子主要由转子铁芯、转轴、鼠笼式转子绕组、风扇等组成，是电动机的旋转部分。小容量鼠笼式异步

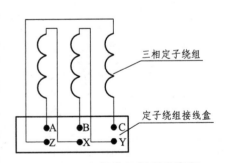

图 1-7-1　三相电机原理示意图

电动机的转子绕组大都采用铝浇铸而成，冷却方式一般都采用扇冷式。

2）三相鼠笼式异步电动机的铭牌

三相鼠笼式异步电动机的额定值标记在电动机的铭牌上，本实验中所用的三相鼠笼式异步电动机铭牌如表 1-7-1 所示。

表 1-7-1　三相鼠笼式异步电动机铭牌

型　号	DJ24	电　压	380 V/220 V	接　法	Y/△
功　率	180 W	电　流	1.13 A/0.65 A	转　速	1 400 r/min
定　额	连　续				

2. 交流接触器

继电-接触控制在各类生产机械中获得广泛地应用，凡是需要进行前后、上下、左右、进退等运动的生产机械，均采用传统的典型的正/反转继电-接触控制。

交流电动机继电-接触控制电路的主要设备是交流接触器，其主要构造如图 1-7-2 所示。主要包括四个部分。

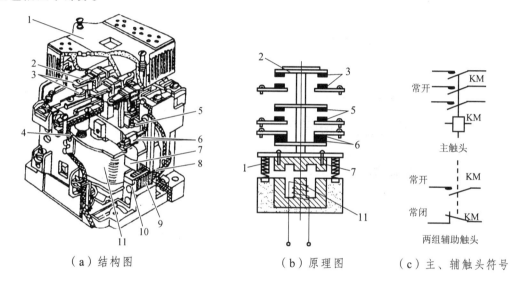

（a）结构图　　　　　　　　（b）原理图　　　　　　（c）主、辅触头符号

图 1-7-2　交流接触器

1—灭弧罩；2—触点压力弹簧片；3—主触点；4—反作用力弹簧；5—辅助动合触点；6—辅助动断触点；
7—动铁芯；8—缓冲弹簧；9—静铁芯；10—短路环；11—线圈

（1）电磁系统：包括铁芯、吸引线圈和短路环。

（2）触头系统：包括主触头和辅助触头。也还可以按吸引线圈得电前后触头的动作状态，分为动合（常开）触头、动断（常闭）触头两类。

（3）消弧系统：在切断大电流的触头上装有灭弧罩，以迅速切断电弧。

（4）接线端子，反作用弹簧等。

在控制回路中常采用接触器的辅助触头来实现自锁和互锁控制。要求接触器线圈得电后能自动保持动作后的状态，这就是自锁，通常用接触器自身的动合触头与启动按钮相并联来实现，以达到电动机的长期运行，这一动合触头称为"自锁触头"。使两个电器不能同时得电动作的控制，称为互锁控制，如为了避免正、反转两个接触器同时得电而造成三相电源短路事故，必须增设互锁控制环节。为了操作的方便，也为了防止因接触器主触头长期通过大电流而烧蚀并导致触头粘连后造成三相电源短路，通常在具有正、反转控制的线路中，采用既有接触器的动断辅助触头的电气互锁，又有复合按钮机械互锁的双重互锁的控制环节。

在电气控制线路中，最常见的故障发生在接触器上。接触器线圈的电压等级通常有 220 V 和 380 V 等，使用时必须认清，切勿疏忽。否则，电压过高易烧坏线圈；电压过低，会使线圈吸力不够而使触头不易吸合或吸合频繁，这不但会产生很大的噪声，也会因磁路气隙增大，致使电流过大，从而烧坏线圈。此外，在接触器铁芯的部分端面嵌装有短路铜环，其作用是为了使铁芯吸合牢靠，消除颤动与噪声。若发生短路环脱落或断裂，接触器将会产生很大的振动与噪声。

3. 控制按钮

控制按钮是专供人工操作使用的，通常用于短时通、断小电流的控制回路，以实现近、远距离控制电动机等执行部件的启、停或正/反转。对于复合按钮，其触点的动作规律是：当按下时，其动断触头先断，动合触头后合；当松手时，则动合触头先断，动断触头后合。控制按钮的示意图与符号如图 1-7-3 所示。

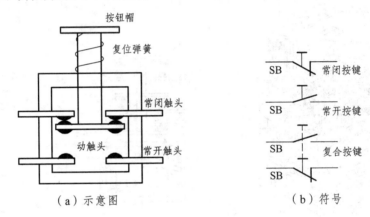

（a）示意图　　　　　　　　　　　（b）符号

图 1-7-3　控制按钮的示意图与符号

4. 热继电器

采用热继电器可实现过载保护，使电动机免受长期过载之危害。其主要的技术指标是整定电流值，电流超过此值的 20% 时，其动断触头应能在一定时间内断开，切断控制回路，动作后只能由人工进行复位。

四、实验设备（见表 1-7-2）

表 1-7-2　实验设备

序号	名　称	型号与规格	数量	备注
1	三相交流电源	220 V	1	
2	三相鼠笼式异步电动机	DJ24	1	
3	交流接触器		2	
4	按　钮		2	
5	热继电器		1	

五、实验内容与基本步骤

1. 点动控制

实验线路如图 1-7-4 所示，其中 M 表示三相电机，FR 为热继电器，SB₁ 为常开按钮。电机接成 △ 形，实验线路电源端接三相自耦调压器输出端 U、V、W，供电线电压调为 220 V。

（1）连接主回路，从 220 V 三相交流电源的输出端 U、V、W 开始，经接触器 KM 的主触头，热继电器 FR 的热元件到电动机 M 的三个线端 A、B、C，用导线按顺序串联起来（电机上 A 与 Z、B 与 X、C 与 Y 相接，连成 △ 形接法）。检查主电路连接完整无误。

（2）连接控制电路。从 220 V 三相交流电源某输出端（如 V）开始，经过常开按钮 SB₁、接触器 KM 的线圈、热继电器 FR 的常闭触头到三相交流电源另一输出端（如 W）。显然这是对接触器 KM 线圈供电的电路。

（3）开启控制屏电源总开关，按启动按钮，调节调压器输出，使输出线电压为 220 V。按启动按钮 SB₁，对电动

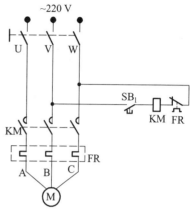

图 1-7-4　带热继电器的点动控制实验原理图

机 M 进行点动操作，比较按下 SB₁ 与松开 SB₁ 时电动机和接触器的运行情况。实验完毕，按控制屏停止按钮，切断实验线路三相交流电源，并将调压器调到零。

2. 自锁控制电路

按图 1-7-5 所示连接线路，它与图 1-7-4 的不同点在于控制电路中多串联了一只常闭按钮 SB₂（停止按钮），同时在 SB₁（启动按钮）上并联了接触器 KM 的一个常开（动合）触头，它起自锁作用。

（1）按控制屏启动按钮，接通 220 V 三相交流电源。按起动按钮 SB₁，松手后观察电动机 M 是否继续运转。按停止按钮 SB₂，松手后观察电动机 M 是否停止运转。

（2）按控制屏停止按钮，切断实验线路三相电源，拆除控制回路中的自锁触头 KM，再接通三相电源，启动电动机，观察电动机及接触器的运转情况，从而验证自锁触头的作用。

（3）实验完毕，将自耦调压器调回零位，按控制屏停止按钮，切断实验线路的三相交流电源。

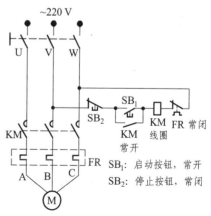

图 1-7-5　带热继电器自锁、启动与停止控制实验原理图

3. 接触器联锁的正、反转控制线路

按图 1-7-6 所示连接线路，经指导教师检查后，方可进行通电操作。

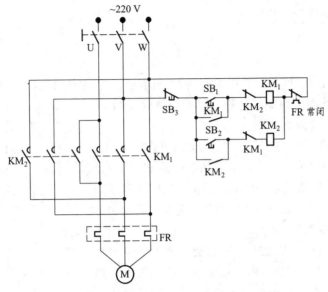

图 1-7-6　接触器联锁的正反转控制线路

（1）开启控制屏电源总开关，按启动按钮，调节调压器，使输出线电压为 220 V。

（2）按正向启动按钮 SB$_1$，观察并记录电动机的转向和接触器的运行情况。

（3）按反向启动按钮 SB$_2$，观察并记录电动机的转向和接触器的运行情况。

（4）按停止按钮 SB$_3$，观察并记录电动机的转向和接触器的运行情况。

（5）再按 SB$_2$，观察并记录电动机的转向和接触器的运行情况。

（6）实验完毕，按控制屏停止按钮，切断三相交流电源。

4. 接触器与按钮双重联锁的正、反转控制线路

按图 1-7-7 所示连接，经指导教师检查后，方可进行通电操作。

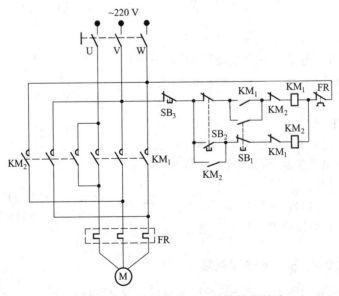

图 1-7-7　接触器联锁的正、反转控制线路

（1）开启控制屏电源总开关，按启动按钮，调节调压器，使输出线电压为 220 V。

（2）按正向启动按钮 SB_1，电动机正向启动，观察并记录电动机的转向和接触器的运行情况。按停止按钮 SB_3，使电动机停止。

（3）按反向启动按钮 SB_2，电动机反向启动，观察并记录电动机的转向和接触器的运行情况。按停止按钮 SB_3，使电动机停止。

（4）正向（反）运行时，直接按反向（正向）启动按钮，观察有何情况发生。

（5）电动机停稳后，同时按正、反启动按钮，观察有何情况发生。

（6）实验完毕，按控制屏停止按钮，切断三相交流电源。

六、实验注意事项

（1）所有实验的主回路都要采用特定颜色的导线连接，以方便老师检查。

（2）连接控制线路时一定要认真仔细，否则特别容易短路或不通。

第二章　模拟电子技术实验

实验一　射极跟随器电路研究

一、实验基本任务

（1）测量与调试共集电极单管放大器的静态工作点；

（2）测量空载与负载时的交流电压增益参数；

（3）测量交流输入电阻、交流输出电阻与电压跟随特性；

完成任务：（1）的满分为 75 分，（1）+（2）的满分为 85 分，（1）+（2）+（3）的满分为 100 分。

二、实验目的

（1）掌握常用电子仪器在电子电路中的接线测量方法和读数方法；

（2）熟悉射极跟随器的工作原理，掌握射极跟随器静态工作点的调整与测试方法；

（3）掌握射极跟随器的主要性能指标。

三、实验原理

1. 基本概念

（1）双极结型三极管（BJT）：由两个 PN 结经一定的工艺结合在一起的一种重要的非线性半导体器件。双极结型三极管有三个电极，分别是基极（b）、发射极（e）与集电极（c）。

（2）偏置电压：对于 BJT，工作时一定要给两个 PN 结加上不同的直流电压，分别为发射结偏置电压 U_{BE} 与集电结偏置电压 U_{CE}。

（3）放大电路：能将微弱的电信号（电流或电压）增大到具有一定幅度的电信号（电流或电压）的电路。一般放大电路必须有提供能量的电源部分，能进行能量转换与分配的非线性器件，以及相关的偏置电路、输入输出电路与反馈电路。

（4）放大电路的三种基本组态：共射极放大电路、共集电极放大电路、共基极放大电路。在本实验中主要讨论前两种。

（5）放大电路的静态与动态：当放大电路没有输入信号时，电路中各处的电压、电流都是不变的直流，称为直流工作状态或静止状态，简称静态。当放大电路输入信号时，电路中各处的电压、电流都是变动状态，这时电路处于动态工作状态，简称动态。

2. 三极管的主要参数、种类、型号与封装

应用三极管时,主要考虑的参数有:直流电流放大系数 $\bar{\beta}$ 、集电极最大允许功率损耗 P_{CM} 、集电结击穿电压 V_{CEO} ,最高工作频率 f_M 等。要区分其种类是硅管还是锗管,型号是 PNP 还是 NPN,制作时还要特别注意其器件的封装类型。

3. 放大电路的直流与交流参数

(1)静态参数主要有:偏置电压 U_{BEQ} 、U_{CEQ} 与静态工作电流 I_{BQ} 、 I_{CQ} 等。

(2)动态参数主要有:电压增益 A_v ,输入电阻 R_i ,输出电阻 R_o ,通频带 $BW = f_H - f_L$ 等。

4. 基本共集电极单管放大电路

共集电极三极管放大电路又称为射极输出器(或射极跟随器、电压跟随器),其输出电压随输入电压的变化而近似同步变化,而且具有输入电阻高、输出电阻低的特点。

1)基本原理电路图与各元件的作用

射极输出器的原理图如 2-1-1 所示。T 为三极管,起电流放大作用。R_B 为基极偏置电阻,R_E 为发射极电阻,两者共同作用决定基极电流。集电极直接接电源 U_{CC} 。C_1 、C_2 为输入、输出耦合电容,隔直流通交流(常选用容量较大的电解电容);R 为隔离电阻(计算时可当作信号源的内阻),R_L 为负载电阻。u_i 、u_o 分别为输入输出信号电压,GND 是它们的公共端(常称为地)。

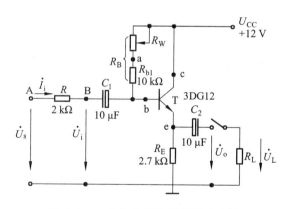

图 2-1-1 共集电极三极管放大电路

2)电路参数的理论计算结果

(1)静态工作点。

基极静态电流: $I_{BQ} = \dfrac{U_{CC} - U_{BEQ}}{R_B + (1+\beta)R_E} \approx \dfrac{U_{CC}}{R_B + (1+\beta)R_E}$

集电极电流: $I_{CQ} = \beta \cdot I_{BQ}$

静态偏置电压: $U_{CEQ} = U_{CC} - I_{EQ}R_E \approx U_{CC} - R_E I_{CQ}$, $U_{BEQ} = U_{BQ} - U_{EQ}$

（2）交流电压放大倍数。

$$\dot{A}_V = \frac{\dot{U}_o}{\dot{U}_i} = \frac{(1+\beta)(R_E \parallel R_L)}{r_{be} + (1+\beta)(R_E \parallel R_L)} \approx \frac{\beta R_L'}{r_{be} + \beta R_L'} < 1$$

其中 $R_L' = R_E \parallel R_L$，上式说明射极跟随器的电压放大倍数小于近于 1，且为正值。这是深度电压负反馈的结果。但它的射极电流仍是基极电流的 $(1+\beta)$ 倍，所以它具有一定的电流和功率放大作用。

（3）输入电阻 R_i。

考虑偏置电阻 R_B 和负载 R_L 的影响：$R_i = R_B \parallel [r_{be} + (1+\beta)(R_E \parallel R_L)]$

不考虑偏置电阻 R_B 和负载 R_L 的影响：$R_i = r_{be} + (1+\beta)R_E$

（4）输出电阻 R_o。

不考虑信号源内阻 R_s 的影响：$R_o = \dfrac{r_{be}}{\beta} \parallel R_E \approx \dfrac{r_{be}}{\beta}$

考虑信号源内阻 R_s 的影响：$R_o = \dfrac{r_{be} + (R_s \parallel R_B)}{\beta} \parallel R_E \approx \dfrac{r_{be} + (R_s \parallel R_B)}{\beta}$

3）电路参数实验测量方法

（1）静态工作点偏置电压的测量一般通过测量三极管三个极的电位来实现，即测量 V_B、V_E、V_C，从而得到电路静态工作点的电压 $U_{BEQ} = V_B - V_E$，$U_{CEQ} = V_C - V_E$。

静态工作时的基极偏置电流通常要通过测量基极偏置电阻上的电压计算得出，即 $I_B = \dfrac{U_{R_B}}{R_B}$。

集电极偏置电流 $I_C \approx I_E = \dfrac{V_E}{R_E}$。

（2）输入电阻的测试方法：按图 2-1-2 所示，在被测放大器的输入端与信号源之间串入一已知电阻 R，在放大器正常工作的情况下，用交流毫伏表测出 U_s 和 U_i，则根据输入电阻的定义可得：

$$R_i = \frac{U_i}{I_i} = \frac{U_i}{U_R / R} = \frac{U_i}{U_s - U_i} R$$

（3）输出电阻的测试方法：按图 2-1-3 所示，先测出空载（S 断开）输出电压 U_o，再测接入（S 接通）负载 R_L 后的输出电压 U_{oL}。由 $U_{oL} = \dfrac{R_L}{R_o + R_L} U_o$ 得 $R_o = \left(\dfrac{U_o}{U_{oL}} - 1\right) R_L$。

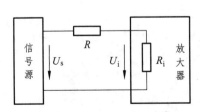

图 2-1-2　输入电阻的测量

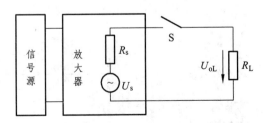

图 2-1-3　输出电阻的测量

4）电压跟随范围

电压跟随范围是指射极跟随器输出电压 u_o 跟随输入电压 u_i 作线性变化的区域。当 u_i 超过一定范围时，u_o 便不能跟随 u_i 作线性变化，即 u_o 波形产生了失真。为了使输出电压 u_o 正、负半周对称，并充分利用电压跟随范围，静态工作点应选在交流负载线中点，测量时可直接用示波器读取 u_o 的峰峰值，即电压跟随范围；或用交流毫伏表读取 u_o 的有效值，则电压跟随范围 $U_{op-p} = 2\sqrt{2}U_o$。

四、实验设备（见表 2-1-1）

表 2-1-1 实验设备

序号	名　称	型号与规格	数量	备注
1	电子综合实验装置	DZ-2 型	1	
2	函数信号发生器	EM1644	1	
3	交流毫伏表	YB2172B	1	
4	双踪示波器	GOS-630FG/ADS1022C	1	
5	数字万用表	UT39A	1	
6	射极跟随器实验板		1	

五、实验内容及步骤

实验原理图如图 2-1-1 所示。图中 u_s 是信号源，u_i 是输入信号，u_L 是接负载时的输出信号，u_o 是不接负载时的输出信号。

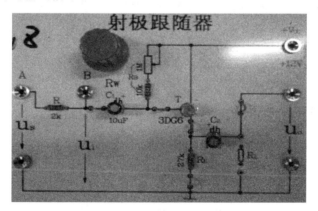

图 2-1-4 射极跟随器实验电路板实物图

1. 共集电极单管放大器静态工作点的调试与测量

（1）按图 2-1-4 示接好电路。

将 R_W 置中间位置，信号源 u_s 端接函数信号发生器，输入 u_i 端、输出 u_o 端分别接示波器探头，接通 +12 V 直流电源。调节函数信号发生器，使 u_s 端产生 $f = 1\ \text{kHz}$、$U_s = 500\ \text{mV}$ 的正弦波信号输出，在双踪示波器的屏幕上可看到 u_i 和 u_o 两个正弦波信号。

（2）观察不同偏置时的输出波形，测量对应的静态工作点参数。

R_W 置中间位置不变，调节信号源电压输出电位器，输出波形为出现轻度失真前瞬间的不失真正弦波信号，保持信号源输出不变，R_W 由小到大调整，使基极电阻 R_B 发生改变。通过示波器观察输出波形的变化。记录当 R_W 为最小、中间、最大三种情况下，放大器所处的工作状态，与此同时，关闭输入信号，用万用表的直流电压档测量 R_W 为中间、最小、最大三种情况下，三极管的三个电极基极 b、发射极 e、集电极 c 和 a 四点对应的对地电压。将测得数据记入实验报告中的表 2-1-1 中，并计算出静态参数。

2. 测定负载时最大不失真输出时的静态工作参数、测量带负载的电压增益 A_{Vo}

（1）接上负载 $R_L = 5.1\,\text{k}\Omega$，置 R_W 为中间位置，反复调节信号源输出电压和 R_W 在中间位置附近移动，使输出波形出现最大轻度失真前瞬间不失真正弦波信号，此时的信号源输出信号最大。

（2）用交流毫伏表测量输入与输出信号的电压有效值，将测量数据记入实验报告中的表 2-1-2 中，计算负载时的电压增益 A_{Vo}。

（c）关闭输入信号，用万用表的直流电压档测量三极管的三个电极 b、e、c 和 a 四点对应的对地电压。将测得数据记入实验报告中的表 2-1-1 中第四栏，并计算出静态工作点。

3. 测定空载时最大不失真输出时的静态工作参数、测量空载时的电压增益 A_{Vo}

（1）断开负载 $R_L = 5.1\,\text{k}\Omega$ 电阻，不改变输入信号的大小，偏置电阻 R_W 不变。用交流毫伏表测量输出信号的电压有效值，将测量数据记入实验报告中的表 2-1-2 中，计算空载时的电压增益 A_V。

（2）关闭信号源，用万用表的直流电压档测量三极管的三个电极 b、e、c 和 a 四点对应的对地电压。将测得数据记入实验报告中的表 2-1-1 中第五栏，并计算出静态工作点。

4. 测量输出电阻 R_o

由上面两步测量得到的空载输出电压 U_o 与负载输出电压 U_{oL}，可得输出电阻为

$$R_o = \left(\frac{U_o}{U_{oL}} - 1 \right) R_L$$

注意：输出电阻的大小与负载 R_L 的大小是无关的。

5. 测量输入电阻 R_i

在波形不失真的情况下，用交流毫伏表分别测量信号源电压 U_s 和放大电路的输入电压 U_i，记录数据到实验报告的表 2-1-2 中，根据公式可算得输入电阻 R_i。

6. 测试跟随特性

不改变偏置电阻 R_W 的值，接入负载 $R_L = 5.1\,\text{k}\Omega$，调节信号源输出电压，逐渐减小信号源 u_s 的电压输出幅度，用示波器监视输出波形不失真，在这个过程中取几个不同的信号电压值 U_i，用交流毫伏表测量对应的 U_{oL} 值，记入实验报告中的表 2-1-4。

实验二　晶体管共射极单管放大电路研究

一、实验基本任务

（1）按给定的电路原理图用分立元件连接一个共射极放大电路。
（2）完成静态偏置的调试并测定静态工作点。
（3）改变负载，测量电压增益的变化。
（4）用点测法测定电路的幅频曲线。

二、实验目的与要求

（1）学会常用电子元器件的测量方法和电路图的连线方法；
（2）掌握电路静态工作点调试方法，会测静态工作点参数，会测电压增益；
（3）了解放大电路的负载对电压增益的影响，了解点测法测幅频曲线的方法。

三、实验原理

1. 基本概念

1）本征半导体与本征激发

本征半导体是一种完全纯净的、结构完整的半导体晶体，如硅晶圆片。在绝对零度和无外界激发时，每一个原子的外围电子被共价键所束缚，这些束缚电子对半导体内的传导电流没有贡献。

本征半导体共价键中的价电子并不像绝缘体中束缚得很紧，如在室温下，价电子就会获得足够的随机热振动能量而挣脱共价键的束缚，成为自由电子，这种现象称为本征激发。

当电子挣脱共价键的束缚成为自由电子后，共价键中就留下一个空位，这个空位叫空穴，数量与自由电子数相等，称为本征激发电子-空穴对。

2）杂质半导体，多数载流子与少数载流子

在本征半导体晶体内掺入少量的三价元素（或五价元素），即成为 P 型半导体（或 N 型半导体）。P 型半导体以空穴导电为主，所以对 P 型半导体而言，空穴是多数载流子，自由电子是少数载流子。N 型半导体以自由电子导电为主，所以对 N 型半导体而言，电子是多数载流子，空穴是少数载流子。

3）PN 结与耗尽区

在一块单晶半导体中，一部分掺有受主杂质是 P 型半导体（P 区），另一部分掺有施主杂质是 N 型半导体（N 区）时，P 型半导体和 N 型半导体的交界面附近的过渡区称为 PN 结。

当 PN 结中多数载流子的扩散与少数截流子的漂移达到动态平衡时，在 P 区与 N 区交界面的两侧会形成一个分别带负电（P 区）与带正电（N 区）的空间离子区，称之为空间电荷区，又称为耗尽区。

4）PN 结的单向导电性与二极管的伏安特性曲线

当 P 区接正端、N 区接负端时，PN 结的正向电阻很小；当 P 区接负端、N 区接正端时，PN 结的反向电阻很大。PN 结的这种特性称为单向导电性。

二极管的伏安特性曲线如图 2-2-1 所示，分为正向特性、反向特性与反向击穿特性三部分。

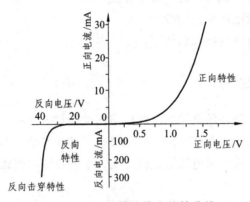

图 2-2-1　二极管的伏安特性曲线

正向特性与反向特性的数学表达式为：$i_D = I_s(e^{V_D/V_T} - 1)$

2. 三极管的三种连接方式

利用 BJT 组成的放大电路，其中一个电极作为信号的输入端，一个电极作为信号的输出端，另一个电极作为输入与输出回路的共同端，由此可构成三种连接方式：共基极、共发射极与共集电极。

3. 共射极电路的输入、输出特性曲线

1）输入特性

共射极电路的输入特性是指当集电极与发射极之间的电压 u_{CE} 为某个常数时，输入回路中加在 BJT 基极与发射极之间的电压 u_{BE} 与基极电流 i_B 之间的关系曲线。用函数关系表示为：

$$i_B = f(u_{BE})\big|_{u_{CE}=cont}$$

图 2-2-2（a）是 NPN 型硅 BJT 的输入特性曲线。当由 u_{CE} 电压由 0 V 加大到 1 V 左右时，输入特性曲线向右移，这是因为加上集电结反向电压的结果，当 u_{CE} 大于 1 V 时移动得不再明显，因此，通常只用 $u_{CE}=1$ V 的这条输入特性曲线。

2）输出特

共射极电路的输出特性是指当基极电流 i_B 一定的情况下，BJT 的输出回路中，集电极与发射极之间的电压 u_{CE} 与集电极电流 i_C 之间的关系曲线。用函数关系表示为：

$$i_C = f(u_{CE})\big|_{i_B = cont}$$

图 2-2-2（b）是 NPN 型硅 BJT 的输出特性曲线。由图可见，各条特性曲线的形状基本上是相同的，以 $i_B = 40\ \mu A$ 的一条加以说明。输出特性的起始部分很陡，这是因为集电结的反向电压 u_{CE} 在 1 V 以下时，对到达基区的电子吸引力较小，但 u_{CE} 稍有增加，从基区到集电区的电子就大大增加，即 i_C 随 u_{CE} 的增加而迅速增加。当 u_{CE} 超过一定值后，能使由发射区扩散到基区的大部分电子在集电结的电场作用下到达集电区，这时再增加 u_{CE}，i_C 也不会有大的增加，所以特性曲线变得比较平坦。

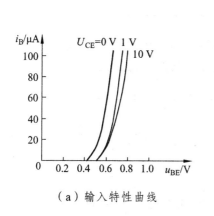

（a）输入特性曲线

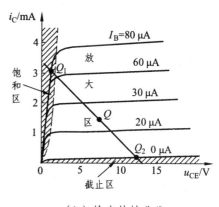

（b）输出特性曲线

图 2-2-2　NPN 型硅 BJT 的共射极接法特性曲线

4. 基本共射极单管放大器

1）基本原理电路图与各元件的作用

共射极单管放大电路原理如图 2-2-3 所示。T 为三极管，起电流放大作用。R_B 为基极偏置电阻，由一个固定电阻 R_{B0} 与可调电阻 R_W 串联组成，R_B 的取值在几十千欧至几百千欧，在电源电压 U_{CC} 一定时，R_B 决定基极电流的大小。R_C 为集电极电阻，取值在几百欧至几千欧，它将集电极电流的变化转换成集 – 射之间电压的变化，这个变化的电压，就是放大的输出信

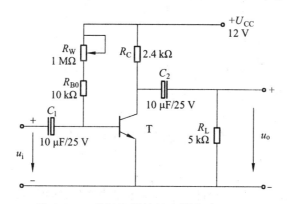

图 2-2-3　共射极单管放大器电路原理图

号电压。C_1、C_2为输入、输出耦合电容，隔直流、通交流，常选用容量较大的电解电容。R_L为负载电阻。U_{CC}为直流电源，通过R_B给晶体管发射结提供正向偏压，通过R_C给晶体管集电结提供反向偏压。u_i、u_o分别为输入、输出信号电压。三极管放大电路的作用是放大不失真的交流信号。

2）直流通路、静态工作点（理论计算公式）与直流负载线

以图2-2-3所示电路为例分析。对应的直流通路为图2-2-4（a）所示。实际上只要将电容器看为开路，电源负极与地相接即可。

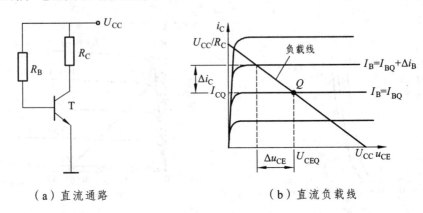

（a）直流通路　　　　　　（b）直流负载线

图2-2-4　基极分压式共射极电路的直流通路与直流负载线

（1）静态工作点及计算。

静态工作情况下，BJT各电极的直流电压和直流电流的数值，将在管子的特性曲线上确定的一点，这点常称为静态工作点，简称Q点，如图2-2-4（b）所示。对应地有三个静态参数，基极静态电流I_{BQ}，集电极静态电流I_{CQ}与集电极与发射极电压U_{CEQ}。

理论估算公式推导如下。

静态基极工作电流：
$$I_{BQ} = \frac{U_{CC} - U_{BE}}{R_B}$$

静态集电极电流：　　　　　$I_{CQ} = \beta \cdot I_{BQ}$

静态集-射电压：　　　　　$U_{CEQ} = U_{CC} - R_C \cdot I_{CQ}$

（2）直流负载线。

由于直流静态时，有$u_{CE} = U_{CC} - i_C R_C$，以$u_{CE}$为横轴，$i_C$为纵轴，在输出特性曲线图上是一条斜率为$-1/R_C$的直线，称为直线负载线，如图2-2-4（b）所示。与横轴的交点值为$i_C = 0$时，$u_{CE} = U_{CC}$，与纵轴的交点值为$u_{CE} = 0$时，$i_C = U_{CC}/R_C$。改变集电极电阻可改变负载线的斜率。

直流负载线与输出特性中某条基极静态电流下的曲线的交点，称为静态工作点Q。

3）交流通路、交流负载线

将图2-2-3所示电路中的电容和直流电源用短路线代替，即可得到其交流通路，如图2-2-5所示。图中$R_B = R_{B0} + R_W$，$R_L' = R_C /\!/ R_L$是集电极电阻与负载电阻的并联。

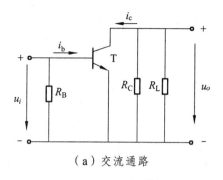
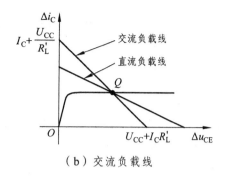

（a）交流通路　　　　　　　　　（b）交流负载线

图 2-2-5　基极分压式共射极电路的交流通路与交流负载线

交流负载线的斜率为 $-\dfrac{1}{R'_{\mathrm{L}}}$，过静态工作点 Q。

4）BJT 的三个工作区域

由于静态工作点的位置不同，BJT 可能工作在饱和区、放大区和截止区三个不同的区域，见图 2-2-2（b）。

饱和区是由于基极电流过大，静态工作点上移到过高位置，使 u_{CE} 减小到一定的程度后，集电极收集载流子的能力减弱，发射极发射有余，集电极收集不足，输出电流不再与输入电流成正比地变化。在饱和区两个 PN 结的特点是：发射结正偏 $u_{\mathrm{BE}} > 0$，集电结正偏 $u_{\mathrm{BC}} > 0$，而 u_{CE} 很小（硅管为 0.3 V），称之不饱和电压降。

放大区的输出特性是平坦的部分，静态工作点在中间位置，符合 $I_{\mathrm{C}} = \beta I_{\mathrm{B}}$ 的规律，在放大区两个 PN 结的特点是：发射结正偏 $u_{\mathrm{BE}} > 0$，集电结反偏 $u_{\mathrm{BC}} < 0$，而输出电压 u_{CE} 与输入电流成正比。

截止区是当基极偏置电流减小时，Q 点沿直流负载线下移，当 $I_{\mathrm{B}} = 0$ 时，$I_{\mathrm{C}} = I_{\mathrm{CE0}} \approx 0$，这时 $u_{\mathrm{CE}} \approx U_{\mathrm{CC}}$，放大器如同在断开状态。

对于放大电路，应尽量避免工作在饱和区与截止区，以免产生饱和失真与截止失真，甚至失去放大作用。但是数字电路中，正是利用饱和与截止状态实现电路开与关的作用。

5. 放大器静态工作点的调试方法与测量方法

1）静态工作点的调试方法

要使信号不失真地放大，放大电路的静态工作点必须选择合适；否则，静态工作点偏高会引起饱和失真，如图 2-2-6（a）所示；静态工作点偏低会引起截止失真，如图 2-2-6（b）所示。

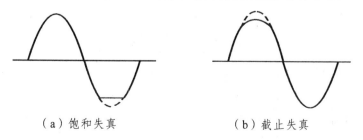

（a）饱和失真　　　　　　　　　（b）截止失真

图 2-2-6　静态工作点对输出波形失真的影响

在实验电路中，电位器 R_W 是用来调整静态工作点的，若电位器阻值越大（顺时针方向），三极管的基极电流 I_{BQ} 就越小，而静态工作点就越低；相反，若电位器 R_W 阻值越小（逆时针方向），I_{BQ} 就越大，静态工作点就越高。

2）静态工作点的测量方法

测量放大器的静态工作点，应在输入信号 $u_i = 0$（即不接信号源）的情况下进行，用万用表的直流电压表，分别测量晶体管各电极对地的电位 V_B、V_C 和 V_E。集电极电流 I_C 的计算，为了避免断开集电极，所以采用测量电压 V_E 或 V_C，然后计算出 I_C 的方法。

集电极静态电流：$I_C \approx I_E = \dfrac{V_E}{R_E}$ （或 $I_C = \dfrac{V_{CC} - V_C}{R_C}$），

发射结偏置电压：$U_{BE} = V_B - V_E$，

集电极—发射极电压：$U_{CE} = V_C - V_E$

6. 放大器动态指标理论计算公式与实验测试方法

放大器动态指标主要包括电压增益、输入电阻、输出电阻、最大不失真输出电压（动态范围）和通频带等。

1）电压增益 A_V 的测量

交流电压增益 A_V 是衡量放大电路放大交流信号电压能力的指标。

定义：交流电压增益 A_V 为输出电压信号 $\dot{U}_o$ 与输入电压信号 $\dot{U}_i$ 之比。

对于共发射极电路（图 2-2-3），可求得 $A_V = \dfrac{\dot{U}_o}{\dot{U}_i} = -\beta \dfrac{R'_L}{r_{be}}$。其中 $R'_L = R_C /\!/ R_L$ 称为等效集电极负载，$r_{be} = 200 + (1 + \beta) \dfrac{26\ \text{mV}}{I_{EQ}}$ 为 BJT 基极与发射极之间的等效电阻。

测量方法：放大电路的输入端加交流电压信号，在输出波形 u_o 不失真的情况下，用交流毫伏表测量交流输入电压 u_i 和输出电压 u_o 的幅度（有效值 U_i 与 U_o），再根据公式 $A_V = \dfrac{\dot{U}_o}{\dot{U}_i}$ 计算。

2）最大不失真输出电压 $U_{op\text{-}p}$ 的测量（最大动态范围）

为了得到最大动态范围，应将静态工作点调在交流负载线的中点。为此在放大器正常工作情况下，逐步增大输入信号的幅度，同时调节 R_W（改变静态工作点），用示波器观察 u_o，当输出波形同时出现削底和缩顶现象时，如图 2-2-6 所示，说明静态工作点已调在交流负载线的中点。然后反复调整输入信号，使波形输出幅度最大且不失真时，用交流毫伏表测出 U_o（有效值），则动态范围等于 $2\sqrt{2}U_o$ 或用示波器直接读出 $U_{op\text{-}p}$。

3）放大器幅频特性的测量

（1）放大器的幅频特性测量。

放大器的幅频特性是指放大器的电压增益 A_V 与输入信号频率 f 之间的关系曲线。单管放大电路的幅频特性曲线如图 2-2-7 所示，其中 A_{Vm} 为中频电压增益。

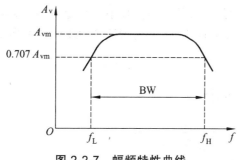

图 2-2-7　幅频特性曲线

（2）通频带。

在放大器的幅频特性中，通常规定电压增益随频率变化下降到中频增益的 $1/\sqrt{2}$ 倍，即 $0.707A_{Vm}$ 所对应的频率分别称为下限频率 f_L 和上限频率 f_H。通频带即下限频率到上限频率之间的频率范围，即

$$BW = f_H - f_L$$

（3）放大器的幅频特性曲线测定。

测定幅频特性曲线通常用的方法是点测法。保持输入信号 u_i 的幅度不变，改变信号源的频率 f，用交流毫伏表测定对应频率时的输出信号 u_o 的幅度的有效值，求出电压增益 A_V，做出曲线。

用扫频仪进行测量时，可从屏幕上直接看到幅频特性曲线，测量出通频带。

注意：在改变频率时，一定要保持输入信号的幅度不变，且输出波形不得失真。

四、实验设备（见表 2-2-1）

表 2-2-1　实验设备

序号	名　称	型号与规格	数量	备注
1	电子综合实验装置	DZ-2 型	1	
2	函数信号发生器	EM1644	1	
3	交流毫伏表	YB2172B	1	
4	双踪示波器	GOS-630FG/ADS1022C	1	
5	数字万用电表	UT39A	1	
6	三极管、电阻、电容导线等		1	

五、实验内容及步骤

1. 安装电路图

按图 2-2-8 所示的实验电路图用分立元件连接好电路，其中 R_W 用仪器台上的 1 MΩ 可调电位器。安装前必须用万用表的电阻档测量电阻的参数和用二极管档简单判断三极管的型号及好坏，实验中采用 NPN 型的三极管（如高频小功率管 9011、9014、8050、3DG6 等，或低频小功率管 9013），当三极管引脚朝上时，引脚排列如图 2-2-9 所示。

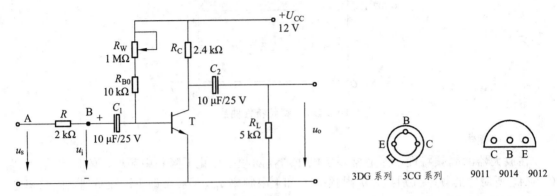

图 2-2-8　共射极单管放大器实验电路　　　　图 2-2-9　三极管的引脚排列

2. 静态工作点的调试与测量

根据电路原理图检查安装的电路无误后，把 R_W 阻值调至最大值，接通 + 12 V 电源、用万用表的直流电压档测量 R_C 电阻两端的电压，缓慢减小电阻 R_W 的值，使 $U_{RC} = 4.8$ V（即 $I_C = 2.0$ mA），根据理论计算可知此时电路的静态工作点比较合适。用万用表的直流电压档分别测量三极管的三个电极，得电位 V_B、V_E、V_C；断开电源，用万用表的电阻档测电阻 R_W 值。测量结果记录到实验报告中的表 2-2-1 中。

3. 测量负载变化对电压增益的影响

将 u_s 两端接函数信号发生器，输入 u_i 两端和输出 u_o 两端分别接双踪示波器的两对探头。接通电源，调节函数信号发生器，使之输出频率为 1 kHz 的正弦波，用示波器观察在波形不失真的条件下，用数字交流毫伏表测量 $R_C = 2.4$ kΩ，$R_L = \infty$；$R_C = 2.4$ kΩ，$R_L = 5.1$ kΩ；$R_C = 1$ kΩ，$R_L = \infty$；$R_C = 1$ kΩ，$R_L = 5.1$ kΩ 四种情况下 u_i、u_o 的有效值 U_i、U_o，并观察双踪示波器中 u_o 和 u_i 的相位关系，相关结果记录到实验报告中的表 2-2-2 中，并计算电压增益 A_V。

4. 测量静态工作点变化对输出波形失真的影响

置 $R_C = 2.4$ kΩ，$R_L = 5.1$ kΩ，$I_C = 2.0$ mA，即电路中的电位器 R_W 不变，反复调节函数信号发生器的输出电压，使输出电压 u_o 足够大且不失真。然后保持输入信号不变，分别增大和减小 R_W，使波形出现饱和失真与截止失真，绘出 u_o 的最大不失真波形以及饱和失真与截止失真三种情况下的波形，测量对应波形下的 I_{CQ} 值和三极管的工作状态，并记录在实验报告中的表 2-2-3 中。

5. 放大器幅频特性的测量

取 $I_C = 2$ mA，$R_C = 2.4$ kΩ，$R_L = 5.1$ kΩ，信号源输出 $U_i = 10$ mV 保持不变，先将频率由

低到高变化，用示波器观察波形的变化，再粗测下限频率和上限频率位置。找出中频范围，再用点测法得到幅频关系，数据填入实验报告中的表 2-2-4 中，用坐标纸作出曲线。

六、实验数据处理

（1）列表整理实验数据，并把测量的静态工作点、电压增益 A_V 等测量结果与理论值进行比较，分析产生误差的原因。

（2）分析 R_C、R_L 及静态工作点变化对电压增益的影响。

（3）讨论静态工作点变化对输出波形失真的影响。

七、思考题

（1）怎样测量 R_W 阻值？

（2）当调节偏置电阻 R_W，使放大器输出波形出现饱和或截止失真时，晶体管的管压降 U_{CE} 怎样变化？

（3）若单级放大电路的输出波形失真，应如何解决？

实验三　模拟集成运算器与应用电路研究

一、实验基本任务

（1）运用 μA741 集成运算放大器连接基本的反相、同相放大电路，测其电压增益；
（2）运用 μA741 集成运算放大器连接成反相加法电路，验证其加法结果；
（3）运用 μA741 集成运算放大器连接成积分与微分电路，测量积分常数，观察输出波形。

二、实验目的

（1）掌握集成运算放大器主要性能指标的测量方法。
（2）了解比例、加法、减法、积分和微分等运算放大电路的组成和特点。
（3）通过波形分析，掌握比例、加法、减法、积分和微分等电路的工作条件和工作原理。

三、实验原理

1. 差分式放大电路

1）差分式放大电路的组成

差分式放大电路是用两个特性相同的三端放大器件（BJT 或 FET）T_1、T_2 组合而成，两边放大电路完全对称，它有两个输入端，分别输入 u_{i1} 和 u_{i2} 两个信号；两个输出端，分别输出 u_{o1} 和 u_{o2} 两个信号。根据输入与输出方式的不同组合，它可构成单端输入-单端输出、单端输入-双端输出、双端输入-单端输出、双端输入-双端输出四种电路形式。它的结构图如图 2-3-1 所示，图 2-3-2 是由 BJT 组成的基本差分式放大电路。

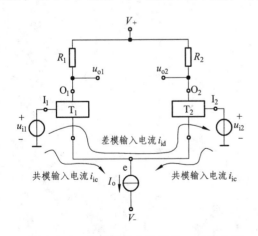

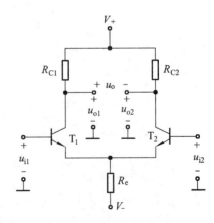

图 2-3-1　差分式放大电路的一般结构图　　图 2-3-2　由 BJT 组成的基本差分式放大电路

2）共模信号与差模信号

两输入端 u_{i1} 和 u_{i2} 信号的算术平均值称为共模信号，即 $u_{ic} = \frac{1}{2}(u_{i1} + u_{i2})$。

两输入端 u_{i1} 和 u_{i2} 信号的差值称为差模信号，即 $u_{id} = u_{i1} - u_{i2}$。

这两种输入信号的特点：差模分量大小相等，相位相反；共模分量大小相等，相位相同。

3）差分式放大电路的性能参数

（1）差模电压增益：被放大的输出电压和差模输入电压值之比，即 $A_{vd} = \dfrac{u_o'}{u_{id}}$。

（2）共模电压增益：被放大的输出电压和共模输入电压值之比，即 $A_{vc} = \dfrac{u_o''}{u_{ic}}$。

其中：u_o' 为差模信号产生的输出，u_o'' 为共模信号产生的输出。

（3）共模抑制比：$K_{CMR} = \left| \dfrac{A_{vd}}{A_{vc}} \right|$ 或 $K_{CMR} = 20\lg \left| \dfrac{A_{vd}}{A_{vc}} \right|$ dB，K_{CMR} 越大，抑制零漂和共模信号的能力越强，它是衡量放大电路抑制零点漂移能力的重要指标。

2. 集成运算放大器

1）集成运算放大器的组成结构

运算放大器是一种高电压增益、高输入电阻和低输出电阻的多级直接耦合放大电路，它的类型很多，电路也不一样，但结构具有共同之处，一般由四部分组成，如图 2-3-3 所示。

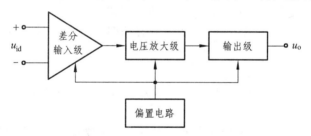

图 2-3-3　集成运算放大器的内部结构方框图

2）集成运算放大器电路分析

基本的运算放大器的内部原理图如图 2-3-4 所示。

（1）差动输入级：一般是由 BJT、JFET 或 MOSFET 组成的差分式放大电路。图 2-3-4 中，T_1、T_2 为输入差分对管，T_7、T_8 构成恒流源，利用它的对称特性可以提高整个电路的共模抑制比和其他方面的性能，它的两个输入端构成整个电路的反相输入端和同相输入端。

（2）中间放大级：主要作用是提高电压增益，它可由一级或多级放大电路组成。

（3）输出级：一般由电压跟随器或互补电压跟随器所组成，以降低输出电阻，提高带负载能力。

（4）偏置电路：为各级电路提供合适的静态工作点。为使工作点稳定，一般采用恒流源偏置电路。

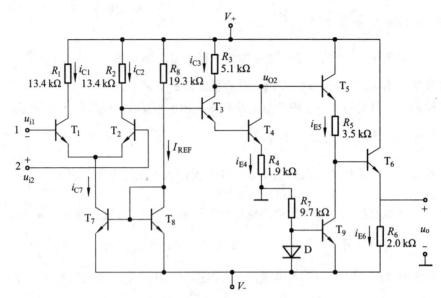

图 2-3-4　基本运算放大器的原理图

3）集成运算放大器的主要参数

（1）输入直流误差特性（失调电压 U_{IO}、偏置电流 I_{IB}、失调电流 I_{IO}、温度漂移）；

（2）差模特性（开环差模电压增益 A_{VO}、带宽 BW、单位增益带宽 BW_G、差模输入电阻 r_{id} 和输出电阻 r_o、最大差模输入电压 U_{idmax}）；

（3）共模特性（共模抑制比 K_{CMR}、共模输入电阻 r_{ic}、最大共模输入电压 U_{icmax} ）

（4）大信号动态特性（转换速率 S_R、全功率带宽 BW_P）；

（5）电源特性（电源电压抑制比 K_{SVR}、静态功率 P_V、最大输出电流 I_{omax} 等）；

4）集成运算放大器的分类

根据性能和应用场所不同，运算放大器分为通用型（价格低廉、性能指标比较适中）和专用型。

为满足特殊要求，专用型又分为高输入阻抗型（主要用于测量设备和采样保持电路中），高精度（低漂）型（主要用于精密仪器放大器、精密测量系统、精密传感器信号变送器），高速型（主要用于宽频放大器、快速 A/D 和 D/A 转换器、高速数据采集测试系统），低功耗型（主要用于空间技术和生物科学研究中，工作于较低电压下，工作电流微弱），高压大功率型，仪用型，程控型和互导型等。

5）集成运放的选用

（1）根据技术要求应首选通用型运放，当通用型运放难以满足要求时，才考虑专用型运放。

（2）失调电压 U_{IO}、失调电流 I_{IO} 和偏置电流 I_{IB} 会带来误差。

（3）调零补偿：为了提高电路的运算精度，要求对失调电压和失调电流造成的误差进行补偿，这就是运算放大器的调零。常用的调零方法有内部调零和外部调零，而对于没有内部调零端子的集成运放，要采用外部调零方法。

3. 典型的通用型集成运算放大器 µA741

1）µA741 的外引脚图

图 2-3-5（a）所示是 µA741 集成运算放大器的外部引脚图，它具有两个输入端，分别称为反相输入端 u_n 与同相输入端 u_p。一个输出端 u_o，双电源供电。图 2-3-5（b）所示电位器的连接是用来调零的。µA741 是美国仙童公司设计生产的世界上第一片集成运算放大器，目前，常用它来讲解集成运放的基本原理。

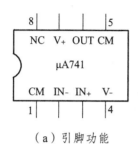
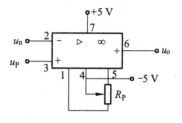

（a）引脚功能　　　　　　　　（b）调零电位器的连接

图 2-3-5　µA741 的外引线图

2）主要参数指标

输入失调电压：$1 \sim 2$ mV；

输入失调电流：20 nA；

差模输入电阻：2 MΩ；

输出电阻：75 Ω；

开环差模电压增益：100 dB；

共模抑制比：90 dB；

最大共模输入电压：± 13 V；

转换速率：0.5 V/s。

4. 集成运算放大器的理想特性

从 µA741 的特性参数可以看出，可以将一个运放进行理想化分析，即将相关的参数理想化。

输出电压 v_o 的饱和极限值等于运放的电源电压 V_+ 和 V_-。

开环电压增益∞，输入阻抗∞，输出阻抗 0，带宽∞，失调与漂移均为零等。

5. 在线性应用时的两个重要特性

（1）$u_n - u_p \approx 0$，即 $u_n \approx u_p$，称为"虚短"。

（2）两输入端的电流可视为零，即 $i_n \approx i_p = 0$，称为"虚断"。

6. 反相比例运算放大器

1）反相比例运算放大器基本电路

反相比例运算放大器的基本电路如图 2-3-6 所示。其中 R_1 为反相输入端的隔离电阻，R_F 为反馈电阻。信号从反相输入端 2 脚输入，从 6 脚输出，同相输入端 3 脚接一个直流平衡电阻 $R_2 = R_1 // R_F = \dfrac{10 \times 100}{10 + 100} \dfrac{100}{11} \approx 9$ (kΩ) 到地，7 脚和 4 脚分别接正、负 5 V 电源。2 脚和 5 脚悬空，9 脚接地。

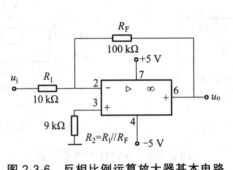

图 2-3-6　反相比例运算放大器基本电路

2）反相比例运算放大电路的闭环电压增益 $A_u = \dfrac{u_o}{u_i}$

运用电路"虚短"和"虚断"的特性：$u_n \approx u_p$，$i_n \approx i_p = 0$，得出 $u_p = 0$，$u_n = 0$，反相输入端"虚地"。

利用支路电流相等可得 $\dfrac{u_i - u_n}{R_1} = \dfrac{u_n - u_o}{R_F}$，所以 $\dfrac{u_i - 0}{R_1} = \dfrac{0 - u_o}{R_F}$

由此得出：$A_u = \dfrac{u_o}{u_i} = -\dfrac{R_F}{R_1}$

选用不同的电阻比值 $\dfrac{R_F}{R_1}$，A_u 可以大于 1，也可以小于 1。若 $R_1 = R_F$，则放大器的输出电压等于输入电压的负值，因此也称为反相器。

3）反相比例运算放大电路的输入电阻 R_i 与输出电阻 R_o

$$R_i = \frac{u_i}{i_i} = \frac{u_i}{(u_i - u_n)/R_1} = R_1$$

$$R_o \to 0$$

7. 同相比例运算放大器及电压跟随器

1）同相比例运算电路的组成

同相比例运算电路如图 2-3-7（a）所示，电压跟随器如图 2-3-7（b）所示。信号由同相输入端 3 脚输入，反馈信号接在反相输入端 2 脚上。电压跟随器可以看作同相比例放大电路当 $R_1 = \infty$ 的特例。

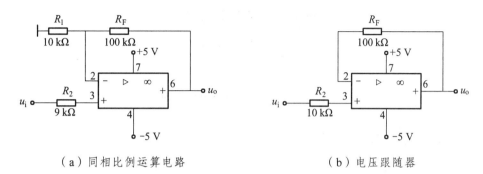

（a）同相比例运算电路　　　　　　　　　　（b）电压跟随器

图 2-3-7　同相比例运算放大器

2）同相比例运算电路的闭环电压增益

运用电路的"虚短"和"虚断"原理，则 $i_n = i_p = 0$ ，所以 $u_p = u_i$ ， $u_n = u_p = u_i$

利用支路电流相等有 $\dfrac{u_o - u_n}{R_F} = \dfrac{u_n - 0}{R_1}$ ，得 $\dfrac{u_o - u_i}{R_F} = \dfrac{u_i - 0}{R_1}$

电路的闭环电压增益： $A_u = \dfrac{u_o}{u_i} = \dfrac{R_1 + R_F}{R_1} = 1 + \dfrac{R_F}{R_1}$

可见同相比例运算放大器的闭环电压增益总是大于 1 的，当 $R_1 \to \infty$ 时 $A_u = 1$ 。

3）同相比例运算电路的输入电阻 R_i 与输出电阻 R_o

因 $R_i = \dfrac{u_i}{i_i}$ ，而 $i_i \to 0$ ，所以 $R_i \to \infty$ 。

$R_o \to 0$

可见，同相比例运算放大器具有输入电阻很高、输出电阻很低的特点，因而广泛用于前置放大器。它的直流平衡电阻为 $R_2 = R_1 // R_F = \dfrac{10 \times 100}{10 + 100} \dfrac{100}{11} \approx 9$ （kΩ）。

4）电压跟随器

当 $R_1 \to \infty$ 时，同相比例运算放大器的闭环电压增益 $A_u = \dfrac{u_o}{u_i} = 1$ ，同相比例放大器变为电压跟随器，如图 2-3-7（b）所示，图中负反馈电阻 R_F 不能取得太大，否则会产生较大的噪声及漂移。此放大器不从信号源吸取电流，可视作电压源，是理想的阻抗变换器。

8. 反相加法电路

反向加法电路如图 2-3-8 所示，根据理想运放电路存在"虚短"、"虚断"的概念，用上面类似的方法可得出： $i_n = i_p = 0$ ， $u_p = 0$ ， $u_n \approx u_p = 0$ ，此电路有"虚地"。

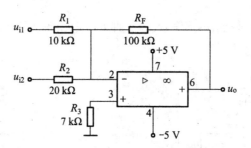

图 2-3-8　反相加法运算放大器

利用支路电流相等得
$$\frac{u_o - u_n}{R_F} = \frac{u_n - u_{i1}}{R_1} + \frac{u_n - u_{i2}}{R_2}$$

于是有：
$$u_o = -\left(\frac{R_F}{R_1}u_{i1} + \frac{R_F}{R_2}u_{i2}\right)$$

式中，负号表示加法器的输出信号与输入信号的相位相反。

同相端直流平衡电阻　$R_3 = R_1 /\!/ R_2 /\!/ R_F \approx 7$ (kΩ)

9. 有源反相积分电路

反向积分电路如图 2-3-9 所示。利用"虚断"、"虚地"的概念，则 $u_n = 0$，$i_C = i_i$（不考虑反馈电阻时），电容器 C 以电流 $i_C = u_i / R_1$ 进行充电，假设电容器 C 初始电压 $u_C(0) = 0$，则电容两端的电压为 $u_n - u_o = \frac{1}{C}\int_0^t i_i dt = \frac{1}{C}\int_0^t \frac{u_i}{R_1}dt$，所以 $u_o = -\frac{1}{R_1 C}\int_0^t u_i dt$。此式表明输出电压 u_o 为输入电压 u_i 对时间的积分，负号表示相位相反。

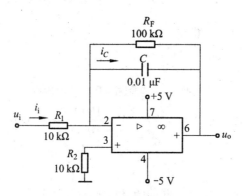

图 2-3-9　反相积分电路

当 u_i 是阶跃电压时，如图 2-3-10（a）所示，则有

$$u_o = -\frac{1}{R_1 C}\int_0^t E dt = -\frac{1}{\tau}Et \ ,$$

式中 $\tau = R_1 C$ 为积分时间常数。当 $t = \tau = R_1 C$ 时，$u_o = -E$；当 $t > \tau$ 时，u_o 增大，直到 u_o 为 $-U_{omax}$，此时运放进入饱和状态，u_o 保持不变，积分停止。

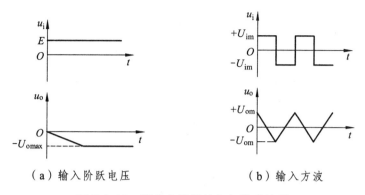

（a）输入阶跃电压　　　　　　　　（b）输入方波

图 2-3-10　积分电路的输入与输出波形

当 u_i 是对称方波信号时，选择适当的时间常数，输出电压 u_o 就能变为对称的三角波输出，且输出电压的相位与输入电压的相位相反，波形如图 2-3-10（b）所示。

为了限制电路的低频增益，减少失调电压的影响，在图 2-3-9 所示电路中的电容器 C 两端并联一个电阻 R_F。

10. 有源微分电路

最简单的微分电路如图 2-3-11 所示。

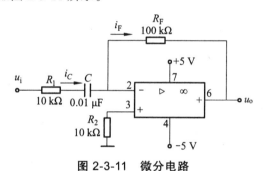

图 2-3-11　微分电路

利用"虚断"、"虚地"的概念，有 $u_n = 0$，$i_C = i_F$，假设电容器 C 初始电压 $u_C(0) = 0$，则有

$$i_C = C\frac{\mathrm{d}u_i}{\mathrm{d}t}$$

又

$$u_n - u_o = i_C R_F = CR_F\frac{\mathrm{d}u_i}{\mathrm{d}t}$$

所以

$$u_o = -CR_F\frac{\mathrm{d}u_i}{\mathrm{d}t}$$

在图 2-3-11 中增加了小电阻 R_1，在低频区，$R_1 \ll 1/\omega C$，电阻 R_1 的作用不明显。在高频区，R_1 能有效地抑制高频噪声和干扰，但 R_1 的值不可过大，太大会引起微分运算误差，一般取 $R_1 \leqslant 10\ \text{k}\Omega$ 比较合适。当输入信号的频率低于 $f = 1/(2\pi R_1 C)$ 时，电路起微分作用；当信号频率远高于 $f = 1/(2\pi R_1 C)$ 时，电路近

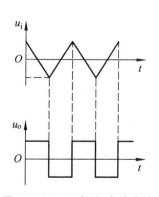

图 2-3-12　三角波-方波变换

似为反相器。微分电路常用作波形变换，如图 2-3-12 所示，将对称的三角波信号变换为对称的方波信号输出。

四、实验设备（见表 2-3-1）

表 2-3-1　实验设备

序号	名　称	型号与规格	数量	备注
1	电子学综合实验装置	DZ-2 型	1	
2	函数信号发生器	EM1644	1	
3	交流毫伏表	YB2172B	1	
4	双踪示波器	GOS-630FG/ADS1022C	1	
5	数字万用表	UT39A	1	
6	集成运算放大器	μA741	1	
7	电容、电阻与连接线若干			

五、实验内容及步骤

1. 反相比例运算电路的安装与测试

按图 2-3-6 所示连接电路，输入 u_i 端接函数信号发生器，同时在 u_o 和 u_i 端分别接双踪示波器探头，接通 ±5 V 电源，调节函数信号发生器，使之输出频率为 1 kHz 的正弦交流信号，用示波器观察 u_o 和 u_i 的波形，在波形不失真的情况下，用交流毫伏表测量相应的输入、输出电压的有效值，根据公式计算电压放大倍数 A_u 值，将结果计入实验报告中的表 2-3-1 中。

2. 同相比例运算电路的安装与测试

（1）按图 2-3-7（a）所示连接实验电路。测量方法同上，将测量结果计入实验报告中的表 2-3-2 中。

（2）将图 2-3-7（a）所示电路中的 R_1 断开，得图 2-3-7（b）所示电路，重复上述实验步骤，将测量结果计入实验报告中的表 2-3-3 中。

3. 反相加法运算电路

（1）按图 2-3-8 所示电路接线完毕后，接通 ±5 V 电源，并分别在 u_{i1}、u_{i2} 输入端接入两个不同的直流信号源。

（2）用万用表的直流电压档分别测量两个输入电压 u_{i1}、u_{i2} 及输出电压 u_o，取值时使其满足方程式 $u_o = -10(u_{i1} + u_{i2})$ 的关系，取几组不同值，将结果记录在实验报告中的表 2-3-4 中。

4. 积分电路实验

（1）按图 2-3-9 所示电路接线，断开负反馈电阻，积分电容 $C = 10\ \mu F$，输入端加 $U_i = -2\ V$

的直流信号，用万用表的直流电压档测量输出电压的变化，画出输出波形、记录饱和输出电压值及有效积分时间在实验报告中的表 2-3-5 中。

（2）在图 2-3-9 中，$C = 0.01\ \mu F$，$R_F = 100\ k\Omega$，输入 $f = 1\ kHz$、幅度 $U_i = \pm 2\ V$ 的方波信号，用示波器观察并记录其输出波形；保持输入信号的幅度不变，增大或减小其频率，观察并记录输入、输出波形的幅值和它们之间的相位变化关系在实验报告中的表 2-3-6 中。

5. 微分电路实验

按图 2-3-11 所示电路接线。

（1）输入 $U_i = \pm 2\ V$ 的方波信号，观察并记录输入、输出波形和相位关系。记录在实验报告中的表 2-3-7 中。

（2）输入 $U_i = \pm 1\ V$ 的正弦波信号，用示波器观察并记录其输入、输出波形；保持输入正弦波信号的幅值不变，改变输入信号的频率，用示波器观察并记录其输出波形的幅值和相位的变化情况。记录在实验报告中的表 2-3-8 中。

五、实验数据处理

（1）整理实验数据，画出波形图（注意波形间的相位关系）。

（2）将理论计算结果和实测数据相比较，分析产生误差的原因。

六、思考题

（1）若信号从同相端输入，当信号正向增大时，运算放大器的输出是正还是负？若信号从反相端输入，当信号负向增大时，运放的输出是正还是负？

（2）为了不损坏集成块，实验中应注意什么问题？

（3）积分电路与微分电路串联，组成积分与微分电路，从积分电路的输入端输入频率 $f = 1\ kHz$、幅度一定的方波信号，输出是什么波形？

实验四　负反馈放大电路特性研究

一、实验基本任务

（1）连接一个电压并联负反馈电路，测量不同负载和负反馈时的闭环电压增益；

（2）测量电压并联负反馈条件下的输入电阻、输出电阻；

（3）测量负反馈电阻变化对输出波形和通频带的影响。

二、实验目的

（1）掌握电压并联负反馈条件下的近似计算。

（2）掌握电压并联负反馈放大电路主要性能的测试方法。

（3）加深理解负反馈电阻变化对放大器主要性能的影响。

三、实验原理

1. 反馈的基本概念与分类

1）反馈的基本概念

反馈就是电子电路输出量的一部分或全部通过一定的方式引回到输入回路，影响净输入量的大小变化。带反馈网络的方框图如图 2-4-1 所示。其中 x_i 是反馈放大电路的输入信号，x_f 是反馈信号，x_{id} 是净输入信号，x_o 是输出信号。F 是反馈网络，若电路无这个网络称为开环，有这个网络称为闭环；A 是基本放大电路 。

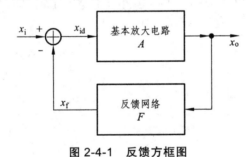

图 2-4-1　反馈方框图

2）反馈的分类

根据反馈到输入端的信号判定：交流反馈和直流反馈。

根据净输入信号的增加和减小判定：正反馈和负反馈。

根据反馈网络在放大电路输入端的连接方式判定：串联反馈和并联反馈。

根据反馈网络在放大电路输出端的取样对象判定：电压反馈和电流反馈。

一般放大电路采用的是负反馈，振荡电路采用的是正反馈。

由此可得负反馈放大电路的四种类型：电压串联、电压并联、电流串联、电流并联。

2. 反馈与反馈类型的判别方法与步骤

1）反馈回路的判断——找关系

是否存在反馈必须看能否找到一条或多条反馈的支路。反馈支路是从放大电路的输出端引回到输入端的支路，这条支路通常由电阻、电容或电阻和电容构成，寻找这条支路时，要特别注意不能直接经过电源端和接地端。

2）交直流的判断——看通路

根据电容"隔直通交"的特点，我们可以判断出反馈的交直流特性。如果反馈支路中有电容接地，则为直流反馈，其作用为稳定静态工作点；如果回路中串联电容，隔开直流，则为交流反馈，改善放大电路的动态特性；如果反馈回路中只有电阻或只有导线，则反馈为交直流共存。

3）正、负反馈的判断——看结果

正、负反馈的判断使用瞬时极性法。瞬时极性是一种假设的状态，它假设在放大电路的输入端引入一瞬时增加的信号。这个信号通过放大电路和反馈回路回到输入端。反馈回来的信号如果使引入的信号增加则为正反馈，否则为负反馈。

对于 BJT 共发射极电路，输入端为基极，公共端为发射极，输出端为集电极，基极与发射极同相，基极与集电极反相。其他组态的电路各极都是同相的。

运算放大器的输出端和同相输入端的瞬时极性相同，和反相输入端的瞬时极性相反。

依据以上瞬时极性判别方法，从放大电路的输入端开始用瞬时极性标识，沿放大电路、反馈回路再回到输入端。这时再依据负反馈总是减弱净输入信号，正反馈总是增强净输入信号的原则判断出反馈的正、负。

在晶体管放大电路中，若反馈信号回到输入极的瞬时极性与原处的瞬时极性相同则为正反馈，相反则为负反馈。其中注意共发射极放大电路的反馈有时回到公共极——发射极，此时反馈回到发射极的瞬时极性与基极的瞬时极性相同（使得净输入信号减小）则为负反馈，相反则为正反馈。

4）反馈类型的判断

反馈类型是特指电路中交流负反馈的类型，所以只有判断电路中存在交流负反馈时才需要判断反馈的类型。反馈依据取自输出信号的形式的不同分为电压反馈和电流反馈，依据它影响输入信号的形式分为串联反馈和并联反馈。

（1）串联、并联的判断——看输入端。

反馈的串联、并联类型是指反馈信号影响输入信号的方式，即在输入端的连接方式。

串联反馈是指净输入电压和反馈电压在输入回路中的连接形式为串联。若断开反馈支路信号，则净输入信号断开，即无净输入信号。

并联反馈是指的净输入电流和反馈电流在输入回路中并联。当断开反馈支路信号时，净输入信号还存在。

总之，用输入端断路法，判断串联还是并联。

综合一下就是：

① 在分立元件组成的放大电路中，若反馈信号引回到输入回路的发射极即为串联反馈，引回到基极即为并联反馈。

② 在运算放大器负反馈电路中，反馈引回到输入的另一端则为串联反馈；如果引回到输入同一端则为并联反馈。

（2）电压、电流的判断——看输出端。

电压、电流反馈是指反馈信号取自输出信号（电压或电流）的形式。

反馈电压是输出电压的一部分，故是电压反馈。在判断电压反馈时，可以采用一种简便的方法，即根据电压反馈的定义——反馈信号与输出电压成比例，设想将放大电路的负载两端短路，短路后如果反馈信号（电压或电流）为零就是电压反馈，仍存在则为电流反馈。

3. 闭环放大电路增益的一般表达式

在图 2-4-1 中，定义开环增益 $A = \dfrac{x_o}{x_{id}}$，反馈系数 $F = \dfrac{x_f}{x_o}$，闭环增益 $A_f = \dfrac{x_o}{x_i}$ 并有 $x_i = x_f + x_{id}$，则闭环增益的一般表达式为：

$$A_f = \frac{x_o}{x_i} = \frac{x_o}{x_{id} + x_f} = \frac{x_o}{\dfrac{x_o}{A} + F x_o} = \frac{A}{1 + AF}$$

4. 交流负反馈对放大器性能的影响

（1）降低放大倍数，提高增益的稳定性。

当负反馈很深，即 $1 + AF \gg 1$ 时，

$$A_f = \frac{A}{1 + AF} \approx \frac{1}{F}$$

说明了闭环增益只取决于反馈网络。当反馈网络由稳定的线性元件组成时，闭环增益将有很高的稳定性。在一般情况下，增益的稳定性常用有/无反馈时增益的相对变化量之比来衡量。即 A_f 的相对变化量比 A 的相对变化量减少了 $1 + AF$ 倍，方程式如下：

$$A_f = \frac{A}{1 + AF} \Rightarrow \frac{\mathrm{d}A_f}{A_f} = \frac{1}{1 + AF} \frac{\mathrm{d}A}{A}$$

（2）减小非线性失真。

（3）扩展通频带。

（4）影响输入、输出电阻：串联负反馈使输入电阻增加；并联负反馈使输入电阻减小；电压反馈使输出电阻减小，稳定输出电压；电流负反馈使输出电阻增大，稳定输出电流。

5. 电压并联负反馈放大电路工作原理分析

电压并联负反馈放大电路原理如图 2-4-2 所示。其中 R_I 为反相输入端的隔离电阻，R_F 为

反馈电阻。信号从反相端 2 脚输入，从 6 脚输出。

1）电压并联负反馈对放大器内部输入电阻的影响

放大器框图如图 2-4-3 所示。

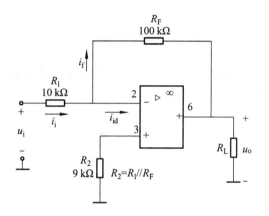

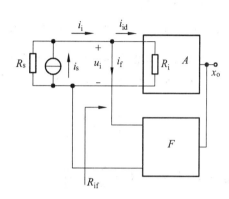

图 2-4-2　电压并联负反馈电路　　　　图 2-4-3　电压并联负反馈对输入电阻影响框图

按定义，开环输入电阻 $R_i = u_i / i_{id}$ ，闭环输入电阻 $R_{if} = u_i / i_i$ 。

由 $i_i = i_{id} + i_f = (1 + AF)i_{id}$ ，得

$$R_{if} = \frac{u_i}{(1 + AF)i_{id}} = \frac{R_i}{(1 + AF)}$$

所以，引入电压并联负反馈后，放大器内部的输入电阻是开环时的 $\dfrac{1}{1 + AF}$ 。但在实际电路中，如图 2-4-2 所示，由于 R_1 与放大器内部的输入等效电阻 R_{if} 串联，并且 $R_1 \gg R_{if}$，因此电路的输入电阻 $R_i \approx R_1$，负反馈对放大电路输入电阻影响不大。

2）电压并联负反馈对放大器内部输出电阻的影响

放大器框图如图 2-4-4 所示。

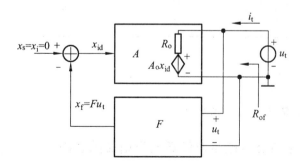

图 2-4-4　电压并联负反馈对输出电阻影响框图

闭环输出电阻 $R_{of} = u_t / i_t$ ，忽略反馈网络对 i_t 的分流， $u_t = i_t R_o + A_o x_{id}$ ， $x_{id} = -Fu_t$ ，得 $u_t = i_t R_o - A_o F u_t$ ，放大器内部输出电阻为

67

$$R_{of} = \frac{u_t}{i_t} = \frac{R_o}{1 + A_o F}$$

所以，引入电压负反馈后，放大器内部的输出电阻是开环时的 $\dfrac{1}{1 + A_o F}$，放大电路的输出电阻为 $R_o = R_L \parallel R_{of}$。

3）电压并联负反馈放大电路的增益

电路如图 2-4-2 所示。它的基本放大器是一个理想的运算放大器，根据虚断、虚地概念则有 $i_{id} \approx 0$，$u_p = 0$，$i_f \approx i_i$，根据虚短概念有 $u_n \approx u_p = 0$，所以有

$$\frac{u_i - u_n}{R_1} \approx \frac{u_n - u_o}{R_F}$$

得闭环电压增益为 $A_{uf} = \dfrac{u_o}{u_i} = -\dfrac{R_F}{R_1}$

四、实验设备（见表 2-4-1）

表 2-4-1　实验设备

序号	名　　称	型号与规格	数量	备注
1	电子综合实验装置	DZ-2 型	1	
2	函数信号发生器	EM1644	1	
3	交流毫伏表	YB2172B	1	
4	双踪示波器	GOS-630FC/ADS1022C	1	
5	数字万用表	UT39A	1	
6	集成运算放大器	μA741	1	
7	电容、电阻与连接线若干			

五、实验内容及步骤

按图 2-4-5 所示电路接线，完成如下实验内容。

1. 测量反馈电阻与负载电阻对闭环电压增益的影响

1）负反馈电阻 R_F 变化对闭环电压增益的影响

u_s 端接函数信号发生器，输入 u_i 端、输出 u_o 端分别接双踪示波器，在 1 kHz 输出波形不失真的情况下，保持负载 $R_L = 5.1$ kΩ 不变，负反馈电阻分别为 $R_F = 51$ kΩ 和 $R_F = 100$ kΩ 两种

情况，用交流毫伏表测量电路的输入、输出电压，根据公式计算闭环电压增益，并与理论计算值进行比较，将实验结果填入实验报告中的表 2-4-1 中。分析 R_F 变化对 A_{uf} 有何影响。

2）负载电阻 R_L 变化对闭环电压增益的影响

实验电路图及接线方法同上，若负反馈电阻 $R_F = 100\,\text{k}\Omega$ 不变，负载电阻分别为 $R_L = 5.1\,\text{k}\Omega$ 和 $R_L = 51\,\text{k}\Omega$ 两种情况，用交流毫伏表测量电路的输入、输出电压，根据公式计算闭环电压增益，并与理论值进行比较，将实验结果填入实验报告中的表 2-4-1 中。并分析 R_F 变化对 A_{uf} 有何影响。

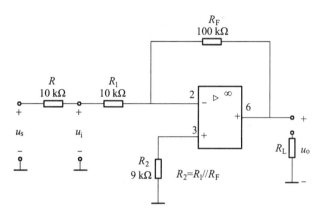

图 2-4-5　实验接线原理图

2. 测量电路的输入、输出电阻

实验电路图如图 2-4-5 所示，接线方法同上。取 $R_F = 100\,\text{k}\Omega$ 不变，$R = 10\,\text{k}\Omega$，$R_L = 5.1\,\text{k}\Omega$，$f = 1\,\text{kHz}$，在输出波形不失真的情况下，用交流毫伏表测量 u_s、u_i 和 u_o 各端电压，根据如下公式计算输入与输出电阻。

$$R_i = \frac{u_i}{u_s - u_i}R, \quad R_o = \left(\frac{u_o}{u_L} - 1\right)R_L$$

其中：u_o 为空载时输出电压，u_L 为负载时输出电压，将实验结果分别填入实验报告中的表 2-4-2 中。

3. 测量负反馈放大电路的频率特性

实验电路如图 2-4-5 所示，接线方法同上。在负载电阻 $R_L = 5.1\,\text{k}\Omega$ 不变的情况下，分别在 $R_F = 51\,\text{k}\Omega$ 和 $R_F = 100\,\text{k}\Omega$ 两种情况下，调节函数信号发生器，使放大电路为最大不失真信号输出（频率为 1 kHz），用交流毫伏表测量并记录此时的输出电压 U_{om}。保持输入信号的幅度不变，逐步增大信号频率，直到输出波形的幅值减小为 $70\% U_{om}$，记录此时放大电路的上限频率 f_H；用同样的方法，减小输入信号的频率，使输出波形的幅值减小为 $70\% U_{om}$，记录此时的下限频率 f_L。将实验结果填入实验报告中的表 2-4-3 中。

4. 负反馈电阻对波形失真的改善作用

（1）实验电路如图 2-4-3 所示，接线方法同上。取 $R_F = 100\text{ k}\Omega$，缓慢增大函数信号发生器的输出幅度（频率 1 kHz 不变），当观察到输出信号波形出现轻度失真时，记录此时失真波形的幅值。

（2）在上述其他都不变的情况下，只将电路中的反馈电阻改为 $R_F = 51\text{ k}\Omega$，观察并记录输出幅值和波形的变化情况。将实验结果填入实验报告中的表 2-4-4 中。

六、实验数据处理

（1）列表整理实验数据，将动态参数的实测值和理论估算值列表进行比较。

（2）根据实验结果，总结电压并联负反馈对放大器性能的影响。

实验五　OTL 低频功率放大器研究

一、实验基本任务

（1）测量分立元件 OTC 功率放大器的静态工作点；
（2）测量分立元件 OTC 功率放大器的最大输出功率 P_{om} 与电源利用效率 η；
（3）测量集成功率放大器 LA4112 的输入灵敏度 P_{om}、带宽 BW 与噪声电压 U_N。
完成任务：（1）的满分为 30 分，（1）+（2）的满分为 85 分，（1）+（2）+（3）的满分为 100 分。

二、实验目的与要求

（1）了解 OTC 电路的静态工作条件与特点，会调整与测量静态工作点；
（2）掌握 OTC 功放的特点，学会测量最大输出功率及电源利用效率；
（3）了解 LA4112 集成功放的组成，了解输入灵敏度、带宽与噪声电压的测量方法。

三、实验原理

1. 功率放大器的静态工作点

放大管按静态工作点不同一般可分为甲类（导通角 $\theta = 2\pi$）、乙类（$\theta = \pi$）、甲乙类（$\pi < \theta < 2\pi$）、丙类（$0 < \theta < \pi$）功率放大器等。

1）甲类放大电路

如图 2-5-1 所示，放大器工作在甲类工作点上时，特点是：静态功耗大 $P_C = U_{CEQ}I_{CQ}$，能量转换效率低，导通角为 $\theta = 2\pi$。不能用于大功率的放大器。

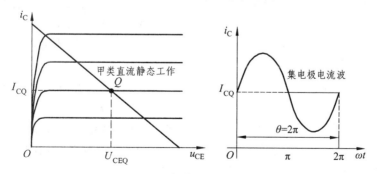

图 2-5-1　甲类放大电路工作曲线

2）乙类放大电路

如图 2-5-2 所示，放大器工作在乙类工作点上时，特点是：静态功耗 $P_C = U_{CEQ}I_{CQ} = 0$，能量转换效率高，输出失真大，导通角为 $\theta = \pi$。

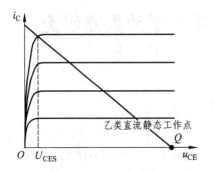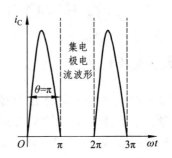

图 2-5-2　乙类放大电路工作曲线

3）甲乙类放大电路

如图 2-5-3 所示，放大器工作在甲乙类工作点上时，特点是：**静态功耗较小，能量转换效率高，输出失真较大，导通角为 $\pi < \theta < 2\pi$**。

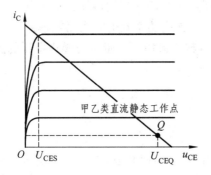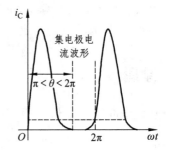

图 2-5-3　甲乙类放大电路工作曲线

2. 功率放大器主要特点、参数

（1）输出功率尽可能大，技术指标为最大输出功率 P_{om}。

功率放大器的任务与电压放大器是不相同的，是使一定的负载下获得最大的功率，要求功放管有足够大的电压与电流输出到负载上，它往往工作在极限状态。

功率放大器电路提供给负载的信号功率称为输出功率 P_o。在输入为正弦波且输出波形基本上不失真的条件下，输出功率是交流功率，表达式为 $P_o = I_o U_o$（式中 I_o 和 U_o 均为有效值）。最大输出功率 P_{om} 是在电路参数确定的情况下，负载上可能获得的最大交流功率。

（2）电源能量的利用效率要高，技术指标为效率 $\eta = P_o / P_V$。

从能量的角度上看，功率放大器与电压放大器都是能量转换电路，将直流电源中的能量一部分转换为有用输出信号的能量，另一部分能量在电路中转换为无用的热能耗散。定义负载得到的有用信号功率 P_o 和电源供给的直流功率 P_V 之比值为效率，$\eta = P_o / P_V$。

（3）负载一般为低电阻，功放管采用共集电极电路。功放管工作电流大，必须进行散热保护。大信号工作状态，分析方法一般用图解法。

3. OTL 功率放大器的互补推挽工作方式

由于单管放大器不论是工作在乙类还是甲乙类都会产生严重的失真,既要保持静态时管耗小,又要使失真不太严重,就需要在电路结构上采取措施。目前主要有三种电路结构:乙类双电源互补对称功率放大电路(OCL,Output Capacitor Less),甲乙类单电源互补对称功率放大电路(OTL,Output Transformer Less),桥式单(双)电源互补对称功率放大电路(BTL,Bridge-Tied-load)。下面仅以图 2-5-4 所示的 OTL 低频功率放大器为例进行电路分析。

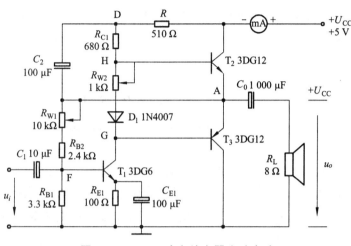

图 2-5-4 OTL 功率放大器实验电路

1)前置放大级

由晶体三极管 T_1 构成的前置放大级(也称推动级)为共发射极电压放大电路,其直流静态工作点由 R_{W1}、R_{B1}、R_{B2}、R_{E1} 决定,工作于甲类状态。为稳定工作点,发射极加了直流负反馈电阻 R_{E1}。

2)互补对称功率放大级

由一对参数对称的 NPN 和 PNP 型晶体三极管 T_2、T_3 组成互补推挽 OTL 功放电路。由于每一个管子都接成射极输出器形式,因此具有输出电阻低、负载能力强等优点。D 与 R_{W2} 为 T_2、T_3 提供合适的静态电流,调节 R_{W2},使之工作于甲乙类状态,以克服交越失真。R_{W2} 增大时提高 Q 点位置,减少交越失真。

3)信号的放大过程

当输入正弦交流信号 u_i 时,经 T_1 放大、倒相后同时作用于 T_2、T_3 的基极。在 u_i 的负半周,T_2 管导通(T_3 管截止),有正向电流通过负载 R_L,形成输出电压的正半周信号,同时向电容 C_0 充电;在 u_i 的正半周,T_3 导通(T_2 截止),则已充好电的电容器 C_0 起着电源的作用,通过负载 R_L 放电,有负向电流通过负载 R_L,形成输出电压的正半周信号,这样在 R_L 上就得到完整的正弦波。

4)调节 R_{W1} 的两大作用

合理选择 T_1 的基极偏置电阻 R_{B1}、R_{B2},调节 R_{W1} 以改变 T_1 的集电极电流 I_{C1},I_{C1} 的一

部分流经电位器 R_{W2} 及二极管 D，给 T_2、T_3 提供偏压，从而使静态时，输出端中点 A 的电位 $U_A = U_{CC}/2$。

由于 R_{W1} 的一端接在 A 点，通过 R_{B1}、R_{B2} 的电阻分压器与 T_1 的基极相连，构成了交、直流电压并联负反馈电路。若由于温度变化使 $U_A \uparrow$，则有：

$$U_A \uparrow \rightarrow U_{B1} \uparrow \rightarrow I_{B1} \uparrow \rightarrow I_{C1} \uparrow \rightarrow U_{C1} \downarrow \rightarrow U_A \downarrow$$

由于是交、直流负反馈，一方面能够稳定放大器的静态工作点，同时又使放大电路的动态性能指标得到改善。

5）自举电路及其作用

C_2、R、R_{C1} 构成自举电路，C_2 为自举电容，R 为隔离电阻，自举电压通过 R_{C1} 加到 T_2 的基极。自举电路实质是在放大器的局部引入正反馈，以提高输出电压正半周的幅度，以得到大的动态范围。

为什么要加自举电路？因为，当 u_i 的负半周使 T_2 管导通时，i_{B2} 增加，R_{C1} 上的压降与 u_{BE2} 的存在，当 A 点的电位向 $+U_{CC}$ 接近时，T_2 管的基极电流将受限制而不能增加很多，因而也限制了向负载提供电流而达不到理想值，使得两端得不到足够的电压变化量，使得输出正半周时的幅度不足，明显小于 $U_{CC}/2$。

自举电路是如何工作过程？静态时，输入信号 $u_i = 0$，$u_D = U_D = U_{CC} - I_{C1}R$，而 $u_K = U_K = U_{CC}/2$，此时 C_2 两端电压被充电到 $U_{C2} = U_{CC}/2 - I_{C1}R$。

当放电时间常数足够大时，电容两端电压 $u_{C2} \approx U_{C2}$，将基本为常数，不随 u_i 而改变。$u_D = u_{C2} + u_K = U_{C2} + u_K$，这样 K 点的电位升高导致 D 点电位随之升高。电路中，D 点升高的电压经 R_{C1} 加到 T_2 基极，使 T_2 基极上的信号电压更高（正反馈过程），有更大的基极信号电流激励 T_2，使 T_2 发射极输出信号电流更大，补偿 T_2 集电极与发射极之间直流工作电压下降而造成的输出信号电流不足。

R 为隔离电阻，当 A 点电压接近 $+U_{CC}$ 时，D 点的电位更高，电流经 R 流向电源充电。

6）OTL 电路的主要性能指标

（1）最大不失真输出功率：理想情况下，$P_{om} = \dfrac{1}{8}\dfrac{U_{CC}^2}{R_L}$。

在实验中，通过测量 R_L 两端的电压有效值，求得实际的最大不失真输出功率 $P_{om} = \dfrac{U_o^2}{R_L}$。

（2）效率：理想情况下，$\eta_{max} = 78.5\%$。

在实验中 $\eta = \dfrac{P_{om}}{P_V} \times 100\%$，其中 $P_V = U_{CC}I_{DC}$ 是直流电源供给的平均功率。

（3）频率响应：输入信号 u_i 幅度不变时，输出电压与信号信号源频率之间的关系。

实验中，保持输入信号 u_i 幅度不变，改变信号源频率，用示波器监视输出波形，在波形不失真的情况下，用交流毫伏表测量不同频率下的输出电压 U_L 值。

（4）输入灵敏度：输出最大不失真功率时的输入信号 u_i 之值。

4. LA4112 集成功率放大器

集成功率放大器是由专门的集成功放块和少量的外部阻容元件构成。它具有线路简单、电压增益较高、性能优越、工作可靠、调试方便等优点，是应用十分广泛的功率放大器。

本实验采用的集成功放块型号为 LA4112，其引脚如图 2-5-5 所示，内部电路如图 2-5-6 所示，由三级电压放大、一级功率放大以及偏置、恒流、反馈、退耦电路组成。

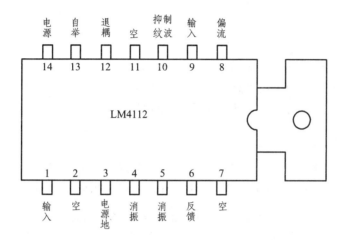

图 2-5-5　LM4112 引脚图

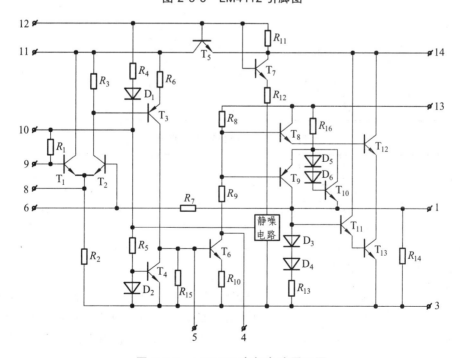

图 2-5-6　LM4112 内部电路原理图

1）电压放大级

第一级选用由 T_1 和 T_2 管组成的差动放大器，这种直接耦合的放大器零漂较小，第二级的 T_3 管完成直接耦合电路中的电平移动，T_4 是 T_3 管的恒流源负载，以获得较大的增益；第三级由 T_6 管等组成，此级增益最高，为防止出现自激振荡，需在该管的 B、C 极之间外接消振电容。

2）功率放大级

由 $T_8 \sim T_{13}$ 等组成复合互补推挽电路。为提高输出级增益和正向输出幅度，需外接"自举"电容。

3）偏置电路

偏置电路是为了建立各级合适的静态工作点而设立的。

除上述主要部分外，为了使电路工作正常，还需要和外部元件一起构成反馈电路来稳定和控制增益。同时，还设有退耦电路来消除各级间的不良影响。

4）LA4112 极限参数和电参数

表 2-5-1 和 2-5-2 列出了 LA4112 极限参数和电参数。与 LA4112 集成功放块技术指标相同的国内外产品还有 FD403、FY4112、D4112 等，可以互相替代使用。

表 2-5-1　LA4112 工作条件与极限参数

序号	参　数	测试条件	典型值
1	工作电压 U_{CC} /V		9
2	静态电流 I_{CCQ} /mA	$U_{CC} = 9\,V$	15
3	开环电压增益 A_{VO} /dB		70
4	输出功率 P_o /W	$R_L = 4\,\Omega$，$f = 1\,kHz$	1.7
5	输入阻抗 R_i /kΩ		20

表 2-5-2　LA4112 极限参数

序号	参　数	额定值
1	最大电源电压 U_{comax} /V	13（有信号时）
2	允许功耗 P_o /W	1.2（2.25 加铜箔散热片时）
3	工作温度 T_{opr} /℃	$-20 \sim +70$

5）LA4112 的应用电路

集成功率放大器如图 2-5-7 所示，该电路中 C_1、C_9 为输入、输出耦合电容，起隔直作用。C_2 和 R_f 为反馈元件，决定电路的闭环增益。C_3、C_4、C_8 为滤波、退耦电容。C_5、C_6、C_{10} 为消振电容，消除寄生振荡。C_7 为自举电容，若无此电容，将出现输出波形半边被削波的现象。

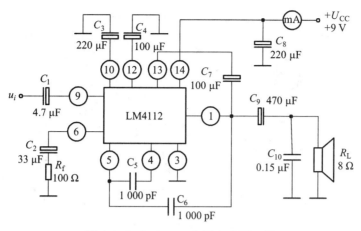

图 2-5-7　LM4112 应用电路原理图

四、实验设备（见表 2-5-3）

表 2-5-3　实验设备

序号	名　　称	型号与规格	数量	备　注
1	电子技术实验平台	DZ-2 型	1	
2	OTL 功率放大器实验模板		1	
3	函数信号发生器	EM1644	1	
4	双踪示波器	GOS-630FG/ADS1022C	1	
5	数字交流毫伏表	UT39A	1	
6	数字万用表	UT39A	1	
7	集成功放电路	LA4112	1	
8	电容、电阻与连接线若干			

五、实验内容及步骤

1. 静态工作点的测试

1）准备工作

图 2-5-8 为低频 OTL 功率放大器实验模板实物图。按图用连接线接入喇叭，串入直流毫安表。电位器 R_{W2} 置最小值（即 $R_{W2}=0$），R_{W1} 置中间位置。接通 +5 V 电源，观察毫安表示数（100 mA 档），同时用手触摸输出级管子，若电流过大或管子温升显著，应立即断开电源检查原因（如 R_{W2} 开路，电路自激，或输出管性能不好等）。如无异常现象，可开始调试。

2）调节输出端中点电位 U_A

接通电源，调节电位器 R_{W1}，用万用表的直流电压档测量 A 点电位，使 $U_A=\dfrac{1}{2}U_{CC}$。

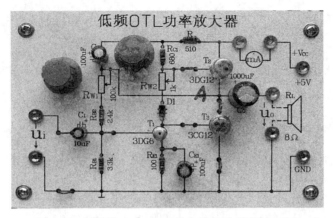

图 2-5-8　低频 OTL 功率放大器实验模板实物图

3）调试并测量输出级静态电流和各级静态工作点

其方法是：先在电路的 u_i 输入端接入 $f=1\,\text{kHz}$ 的正弦波信号，输出端接示波器探头，保持电位器 R_{W1} 的值不变，并在 $R_{W2}=0$ 时逐渐加大输入信号的幅值，输出波形会出现较严重的交越失真（注意：没有饱和截止失真，即波峰不失真），然后缓慢增大 R_{W2}（逆时针调），当交越失真刚好消失时，停止调节 R_{W2}，这时，输出级静态工作点设置完成。

此时断开信号源，直流毫安表的读数即为输出级静态电流。一般数值应该为 $5\sim10\,\text{mA}$，如过大，则要检查电路。输出级电流调好以后，用万用表的直流电压档测量各级静态工作点，将测量结果填入实验报告中的表 2-5-1 中。

虽然毫安表串联在电源进线中，测得的是整个放大器的电流，但一般 T_1 的集电极电流 I_{C1} 较小，从而可以把测得的总电流近似当作末级的静态电流。如要准确得到末级静态电流，则可从总电流中减去 I_{C1} 之值。

注意：① 在调整 R_{W2} 时，要注意旋转方向，不要调得过大，更不能开路，以免损坏输出管；② 输出管静态电流调好后，如无特殊情况，不得随意旋动 R_{W2} 的位置。

2. 最大输出功率 P_{om} 和效率 η 的测量

1）观察关键点波形图与测量最大输出功率 P_{om}

输入 u_i 端接 $f=1\,\text{kHz}$ 的正弦信号，用示波器观察输出电压 u_o 波形，在 R_{W1} 和 R_{W2} 都不变的情况下逐渐增大 u_i，当输出电压达到最大（临界削波）不失真输出时，再用示波器测量 A、F、G、H 各点波形，并记录在实验报告中的图 2-5-1 中。同时用交流毫伏表测出负载 R_L 上的电压有效值 U_{om}。根据公式计算最大不失真输出功率 $P_{om}=\dfrac{U_{om}^2}{R_L}$。

2）测量效率 η

当输出电压为最大不失真输出时，读出直流毫安表中的电流值，此电流即为直流电源供给的平均电流 I_{DC}（有一定误差），由此可近似求得 $P_V=U_{CC}I_{DC}$，再根据上面测得的 P_{om}，即可求出 $\eta=\dfrac{P_{om}}{P_V}$。

3. 测量 LA4112 输入灵敏度、频率响应、噪声电压

按图 2-5-7 所示连接电路，输入 u_i 端接函数信号发生器，输出 u_o 端接示波器抽头，调节函数信号发生器，使 u_o 最大且不失真。

1）测量输入灵敏度 U_i

输入灵敏度是指当输出功率 $P_o = P_{om}$ 时，输入电压的有效值 U_i。

2）测量上下限频率 f_L、f_H

在输入信号幅度一定、输出波形不失真的情况下，不断改变输入信号的频率，用交流毫伏表测量输出电压 U_o，将测量结果记入实验报告中的表 2-5-2 中。在测量时，为了保证电路的安全，应在较低电压下进行，通常取输入信号为输入灵敏度的 50%。在整个测试过程中，应保持 U_i 为恒定值。

3）测量噪声电压 U_N

测量时先断开函数信号发生器，再将输入端短路（$u_i = 0$），观察输出噪声波形，并用交流毫伏表测量输出电压，即为噪声电压 U_N。本电路若 $U_N < 15\ \text{mV}$，即满足要求。

六、实验数据处理

（1）整理实验数据，计算各晶体管的静态工作点 U_{BEQ}、U_{CEQ} 值。

（2）计算最大不失真输出功率 P_{om}、效率 $\eta = \dfrac{P_{om}}{P_V}$ 等，并与理论值进行比较。

（3）计算 LM4112 输入灵敏度、频率响应、噪声电压值。

七、思考题

为什么引入自举电路能够扩大输出电压的动态范围？

实验六　正弦波、方波与三角波产生电路研究

一、实验基本任务

（1）由运放构成 RC 桥式正弦波振荡电路得正弦波信号输出，测量起振条件并与理论值比较。

（2）用分立元件连接一个 RC 串并联选频网络，测定其特性曲线，得到中心频率。

（3）运用滞回比较器和积分器组成能产生方波和锯齿波的电路，观察参数变化时对波形与频率的影响。

二、实验目的与要求

（1）掌握 RC 桥式正弦波振荡电路的组成及其振荡条件。

（2）学会测量、调试 RC 桥式正弦波振荡电路。

（3）会用点测法测定 RC 串并联选频网络的幅频特性曲线，得出中心频率。

（4）了解方波和锯齿波产生电路的组成及工作原理，加深集成运放的非线性应用。

三、实验原理

1. 基本概念

1）正弦波振荡电路

正弦波振荡电路的基本框图如图 2-6-1 所示，它是一个没有输入信号的带选频网络的正反馈放大电路，包括基本放大电路、反馈网络和选频网络三个部分。其中的选频网络可能在基本放大电路内，也可能与反馈网络结合在一起。如果选频网络由 R、C 元件组成，这时的振荡电路称为 RC 振荡电路，通常用来产生 1 Hz ~ 1 MHz 的低频信号。如果选频网络由 L、C 元件组成，这时的振荡电路称为 LC 振荡电路，一般用来产生 1 MHz 以上的高频信号。

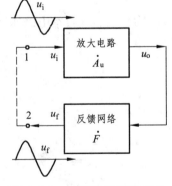

图 2-6-1　正弦波振荡电路的方框图

2）电路的起振与稳幅

振荡电路要实现自行的振荡，信号起始来源就是噪声信号，可能是电路器件内部噪声，也可能是电源接通时的动噪声等，起振时，满足一定相位平衡条件的某一频率 f_0 的噪声信号在正反馈选频网络的作用下被放大，成为振荡电路的输出信号。当放大电路的幅度满足 $A_u F > 1$ 条件时，输出信号不断增大，这一过程就是一个振荡电路的起振

过程。当输出信号幅值增加到一定程度时，就要限制它继续增加，否则波形将会出现失真，这时需要负反馈电路起作用，使输出信号的幅度稳定在某个稳定的值，称这一过程为稳幅。

可见，电路要实现正弦波振荡，一定要有正反馈使得输出的幅度越来越大，同时还要有负反馈电路来限制输出幅度的无限增大，二者共同起作用，输出一个稳定的信号。

3）振荡电路的振荡条件

如果图 2-6-1 所示电路的开环增益 $\dot{A}_u = \dfrac{\dot{U}_o}{\dot{U}_i}$，反馈系数 $\dot{F}_u = \dfrac{\dot{U}_f}{\dot{U}_o}$，当满足条件 $\dot{U}_f = \dot{U}_i$ 时，

则 $\dot{A}_u \dot{F} = \dfrac{\dot{U}_o}{\dot{U}_i} \dfrac{\dot{U}_f}{\dot{U}_o} = 1$，这是电路振荡的基本条件之一。包括以下两个方面：

（1）振荡电路的幅值平衡条件：

$$|\dot{A}_u \dot{F}| = A_u F = 1$$

（2）振荡电路的相位平衡条件：

若 $\dot{A}_u = A\angle\varphi_A$，$\dot{F}_u = F\angle\varphi_F$，则 $\varphi_A + \varphi_F = 2n\pi$ $(n = 0,1,2\cdots)$

2. *RC* 正弦波振荡器

RC 正弦波振荡器一般产生 1 Hz ~ 1 MHz 的低频信号，可以用分立元件构成，也可以用运放电路构成。主要有桥式振荡电路、双 T 网络式和移相式振荡电路。实验中利用运放集成电路来实现。

1）*RC* 桥式电路的组成与分析

RC 桥式正弦波振荡器电路如图 2-6-2 所示。

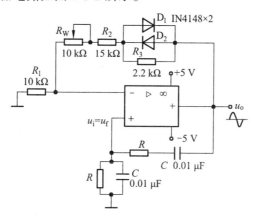

图 2-6-2 *RC* 桥式振荡电路

放大电路采用的是同相比例运算放大器，由基本运放集成电路加上一个负反馈网络（R_1、R_2、R_W、R_3 与 D_1、D_2）构成。

正反馈网络由一个 *RC* 串联支路与一个 *RC* 并联支路（*R*、*C* 的参数相同）构成，同时兼作选频网络。输出电压 u_o 经 *RC* 串、并联支路分压后，在 *R* 和 *C* 并联的支路上取出输出端反馈过来的信号 u_f，此信号加在运算放大器的同相输入端，作为放大电路的输入信号 u_i。

由于在运放的两个输入端与运放的输出端及这四个节点之间，有由 RC 串并联构成的正反馈支路和负反馈电阻电路接成的负反馈支路，形成一个桥形结构，因此，称图 2-6-2 所示电路为 RC 桥式振荡电路。

2）RC 串并联选频网络的选频特性

由运放"虚断"特性可知，RC 串联、并联支路的电流相同，反馈的电压可用分压公式计算，得反馈系数：

$$\dot{F}_u = \frac{\dot{U}_f}{\dot{U}_o} = \frac{\dot{U}_i}{\dot{U}_o} = \frac{\dfrac{-\mathrm{j}RX_C}{R - \mathrm{j}X_C}}{R - \mathrm{j}X_C + \dfrac{-\mathrm{j}RX_C}{R - \mathrm{j}X_C}} = \frac{1}{3 + \mathrm{j}\left(\dfrac{R^2 - X_C^2}{RX_C}\right)}$$

由上式可以看出，要使 $\dot{U}_i$ 与 $\dot{U}_o$ 同相，RC 串、并联支路必须呈阻性，即 $R^2 = X_C^2$，这时，反馈系数 $\dot{F}_u = \dfrac{1}{3}$。

由于 $R = X_C = \dfrac{1}{\omega C}$，当 RC 一定时，只有频率为 $f_0 = \dfrac{1}{2\pi RC}$ 的信号，其反馈信号与输出信号同相，接在运放的同相端时为正反馈。这个频率称为振荡频率，即

振荡频率　$f_0 = \dfrac{1}{2\pi RC}$

3）振荡电路的工作条件

（1）相位平衡条件。

当 $f = f_0$ 时，则 $\omega = \omega_0 = \dfrac{1}{RC}$，用瞬时极性法判断可知，由于反馈信号接运放的同相输入端，电路满足相位平衡条件，即 $\varphi_A = \varphi_F$。

（2）振幅平衡条件。

根据同相比例运算放大电路的计算公式：

$$\dot{A}_u = \frac{\dot{U}_o}{\dot{U}_i} = \frac{R_1 + R_F}{R_1} = 1 + \frac{R_F}{R_1}$$

其中 $R_F = R_W + R_2 + R_3 /\!/ r_{D1} /\!/ r_{D2}$，此时调节电位器 R_W，使放大电路的电压增益 $A_u = 3$，$|\dot{A}_u \dot{F}| = A_u F = 1$，电路即可满足振幅平衡条件。

4）起振与稳幅

利用两个反向并联二极管 D_1、D_2 正向电阻的非线性特性来实现稳幅。R_3 的接入是为了削弱二极管非线性的影响，以改善波形失真。

（1）起振的幅值条件。

由于输出幅度不大时，两个二极管都不能导通，$R_F = R_W + R_2 + R_3$，调节 R_W 使得 $R_F > 2R_1$，这时，$A_u > 3$，满足起振的幅值条件 $A_u F > 1$。

（2）稳幅条件。

随着输出幅度的增大，二极管导通，$R_F \approx R_W + R_2 + r_D$ 下降，使得 $A_u \downarrow$，当 $A_u = 3$ 时，$A_u F = 1$，电路实现稳幅。实际电路中实现稳幅的方法很多。

3. 非正弦波产生电路实例

1）电路组成

把滞回比较器和积分器的首尾相接形成正反馈闭环系统，电路如图 2-6-3 所示，比较器 A_1 输出的方波经积分器 A_2 积分可得到三角波，三角波又触发比较器自动翻转形成方波，这样就构成了三角波、方波发生器。图 2-6-4 所示为方波、三角波发生器输出波形图。由于采用运算放大器组成的积分电路，因此可实现恒流充电，使三角波线性大大改善。

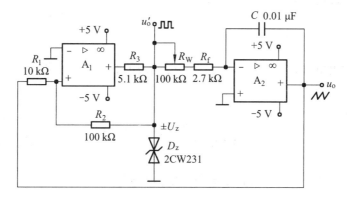

图 2-6-3　三角波、方波发生器

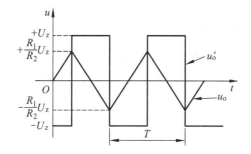

图 2-6-4　方波、三角波发生器输出波形图

2）方波的最大输出幅值计算

根据叠加原理得 A_1 的同相输入端电位 u_{p1} 为

$$u_{p1} = u'_{p1} + u''_{p1} = \frac{R_1}{R_1 + R_2} U_z + \frac{R_2}{R_1 + R_2} u_o$$

其中 u'_{p1} 是 A_1 的同相输入端电位，是 A_2 的输出端 $u_o = 0$、$u'_o = +U_z = U_z$ 时所得的值；u''_{p1} 也是 A_1 的同相输入端电位，是在 A_1 的输出端 $u'_o = 0$ 时所得的值。

由于 A_1 的比较器的参考电压 $V_- = 0$，当 $u_{p1} > 0$ 时，A_1 输出为正，即 $u'_o = +U_z$；当 $u_{p1} < 0$

时，A_1 输出为负，即 $u_o' = -U_z$。

方波的最大输出幅值：$U_{om}' = \pm U_z$。

3）三角波的最大输出幅值计算

A_2 构成的是反相积分电路，当 $u_o' = +U_z$ 时，积分结果为负，u_o 不断减小；当 $u_o' = -U_z$ 时，积分结果为正，u_o 不断增大。由于 A_1 是过零滞回比较器，所以在 $u_{p1} = 0$ 处，是 u_o 由大变小或由小变大处，是 u_o 的最大值或最小值位置，所以，由 $u_{p1} = 0$ 得

$$\frac{R_1}{R_1 + R_2}U_z + \frac{R_2}{R_1 + R_2}u_o = 0$$

三角波的最大输出幅值：$U_{om} = \pm \frac{R_1}{R_2}U_z$。

4）电路振荡频率的计算

积分电路的输出电压 u_o 从 $-U_{om}$ 增大到 $+U_{om}$ 所需的时间为振荡周期 T 的一半。由积分器关系式，得

$$U_{om} = -U_{om} - \frac{1}{(R_W + R_f)C}\int_{t_0}^{t_0 + T/2}(-U_z)\mathrm{d}t \longrightarrow 2U_{om} = \frac{U_z T/2}{(R_W + R_f)C}$$

将 $U_{om} = \pm \frac{R_1}{R_2}U_z$ 代入上式，得到电路的振荡频率为：

$$f_0 = \frac{R_2}{4R_1(R_W + R_f)C}$$

调节 R_W 可以改变振荡频率，改变比值 R_1 / R_2 可调节三角波的幅值。双向稳压管决定方波的幅值。

四、实验设备（见表 2-6-1）

表 2-6-1　实验设备

序号	名　称	型号与规格	数量	备注
1	模拟电子技术实验装置	DZ-2 型	1	
2	函数信号发生器	EM1644	1	
3	交流毫伏表	YB2172B	1	
4	双踪示波器	GOS-630FC/ADS1022C	1	
5	数字万用表	UT39A	1	
6	运算放大器	μA741	1	
7	稳压管、二极管、电容、电阻等			

五、实验内容及步骤

1. 观察 RC 桥式正弦波振荡器三种状态下的波形

（1）按图 2-6-2 安装电路，运算放大器的输出端接双踪示波器。

（2）接通 ±5 V 电源，调节电位器 R_w'，使输出端波形从无到有，再从正弦波到出现失真。描绘 u_o 的波形，记下临界起振、正弦波输出及失真情况下的 R_w 值，将结果填入实验报告的表 2-6-1 中，分析负反馈强弱对起振及输出波形的影响。

2. 测量最大不失真输出时的特性参数并与理论值进行对比

（1）调节电位器 R_w，使输出电压 u_o 幅值最大且不失真，用交流毫伏表分别测量输出端 u_o、反相输入端 u_n、同相输入端 u_p 的电压，将结果填入实验报告的表 2-6-2 中，分析振荡的幅值条件。

（2）将电压放大倍数、反馈系数、振荡频率的实测值和理论值进行比较，分析误差产生的原因。

3. RC 串、并联网络幅频特性观察

（1）连接一个 RC 串并联网络实验电路，如图 2-6-5 所示。由函数信号发生器注入 3 V 左右正弦波信号，改变输入信号频率，用双踪示波器观察 RC 串并联网络输入、输出波形。

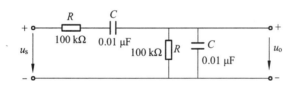

图 2-6-5 RC 串并联选频网络实验图

（2）用点测法测定幅频特性：保持输入信号幅值（3 V）不变，从低到高改变信号源频率，当信号源达某一频率时，RC 串并联网络输出将达最大值（约 1 V）。观察输入、输出相位是否相同，并根据公式 $f_0 = \dfrac{1}{2\pi RC}$ 计算电路的频率是否与实测频率相等。相关数据记入实验报告中的表 2-6-3 中。

4. 三角波和方波发生器

（1）按图 2-6-3 所示连接实验电路。将电位器 R_w 调至中间位置，用双踪示波器观察并描绘三角波输出 u_o 及方波输出 u_o'，测其幅值、频率及 R_w 值，将实验结果记入实验报告中的表 2-6-3 中。

（2）改变 R_w（变大和变小），观察对 u_o、u_o' 幅值及频率的影响。

（3）改变 R_2（调大至 200 kΩ 和调小至 51 kΩ），观察对 u_o、u_o' 幅值及频率的影响。

六、实验数据处理

（1）整理实验数据，画出波形，把实测频率与理论值进行比较。

（2）根据实验分析 RC 振荡器的振幅条件。

（3）分析三角波和方波发生器电路参数变化对输出波形的频率及幅值的影响。

七、思考题

（1）为什么在 RC 正弦波振荡电路中要引入负反馈支路？为什么要增加二极管 D_1、D_2，它们是怎样实现稳幅的？

（2）三角波和方波发生器电路不起振的主要原因有哪些？

实验七 电压比较器特性及应用研究

一、实验基本任务

（1）用 μA741 集成运放连接单门限电压比较器、反相滞回比较器电路。
（2）改变 U_{REF}，测量阈值电压、最大输出电压，结合波形分析并绘出传输特性曲线。
（3）用 μA741 连接窗口比较器，测量输出波形，分析并绘出传输特性曲线。

二、实验目的与要求

（1）理解电压比较器的电路构成及临界值的作用，了解集成运效的非线性应用。
（2）掌握电压比较器的几种实际应用电路，学会测量相关参数与波形。
（3）学会分析电压比较器输出和输入波形之间的关系，加深对传输特性曲线的理解。

三、实验原理

1. 基本概念

1）电压比较器

电压比较器是集成运放的非线性应用，它是将一个模拟量输入电压信号和一个参考电压进行比较的电路。在二者幅度相等的附近输出电压将产生跃变，即输出高电平或低电平。

2）门限电压或阈值电压

把比较器输出电压 u_o 从一个电平跳变到另一个电平时相对应的输入电压 u_i 的值称为门限电压或阈值电压 U_{th}。一个电路可能只有一个阈值电压，也可能有两个阈值电压。

3）电压比较器的主要用途

一是用于非正弦波波形产生电路和波形变换电路（如报警器电路、自动控制电路、测量技术）；二是用于模拟电路与数字电路的接口电路；三是用于 V/F 变换电路、A/D 变换电路、高速采样电路、电源电压监测电路、振荡器及压控振荡器电路、过零检测电路等。

2. 电压比较器的电路结构和工作原理

1）电压比较器的特点

运算放大器工作在非线性状态下，并且 $-V_{CC} \leqslant u_o \leqslant +V_{CC}$。开环工作，"虚短"概念不成立，增益 A_0 大于 10^5。

2）电压比较器的电路结构

最简单的单门限反向电压比较器电路如图 2-7-1（a）所示，参考电压 U_{REF} 加在运放的同相输入端，输入信号电压 u_i 加在运放的反相输入端。输出电压用稳压二极管 D_Z 稳压，稳压

二极管 D_Z 的正向电压降为 U_D，稳压二极管 D_Z 的反向稳压值为 U_Z，稳压值 $U_Z < +U_{CC}$。

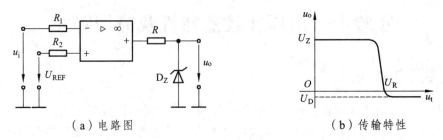

（a）电路图　　　　　　　　（b）传输特性

图 2-7-1　电压比较器

3）电压比较器的工作原理

当 $u_i < U_{REF}$ 时，运算放大器输出高电平 U_{OH}，经稳压二极管 D_Z 反向稳压后，u_o 电压被箝位在稳压管的稳压值 U_Z 上，即 $u_o = U_Z$。

当 $u_i > U_{REF}$ 时，运算放大器输出低电平 U_{OL}，稳压管 D_Z 正向导通，输出电压等于稳压管的正向压降 U_D，即 $u_o = -U_D$。

因此，以 U_{REF} 为临界点，当输入电压 u_i 变化时，输出电压反映出两种状态，即高电位和低电位。

表示输出电压与输入电压之间关系的特性曲线，称为传输特性曲性，如图 2-7-1（b）所示。

3. 电压比较器的典型应用

1）反向输入过零比较器

反向输入过零比较器的信号输入端为运放的反相端，而同相端输入的门限电压 $U_{REF} = 0$。输入信号每经过一次零值时，输出电压就会发生一次跳变，这种比较器称为反向输入过零比较器，其电路如图 2-7-2（a）所示。

假设电源电压为 $\pm U_{CC} = \pm 5\,V$。当 $u_i > 0$ 时，输出电压 $U_{omin} = U_{OL} \geqslant -5\,V$；当 $u_i < 0$ 时，$U_{omax} = U_{OH} \leqslant +5\,V$。电压传输特性曲线如图 2-7-2（b）所示。该电路的特点是结构简单，灵敏度高，但抗干扰能力差。

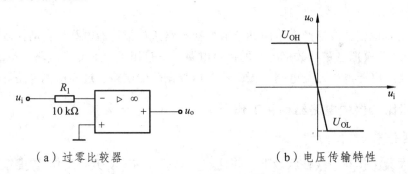

（a）过零比较器　　　　　　　（b）电压传输特性

图 2-7-2　反向过零比较器

2）迟滞比较器

在任意电压比较器中，如果将集成运算放大器的输出电压通过反馈支路加到同相输入端，形成正反馈，就构成了迟滞比较器，如图 2-7-3（a）所示。

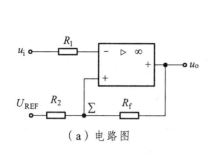 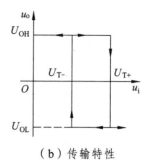

（a）电路图　　　　　　　　　　　　（b）传输特性

图 2-7-3　反向迟滞比较器

设门限电压 $u_P = u_\Sigma$，当 $u_i > u_P$ 时，$u_o = U_{OL}$（低电平）；当 $u_i < u_P$ 时，$u_o = U_{OH}$（高电平）。利用叠加原理，分别令 $U_{REF} = 0$ 和 $u_o = 0$，得

$$u_P = u_\Sigma = \frac{R_2}{R_2 + R_f} u_o + \frac{R_f}{R_2 + R_f} U_{REF}$$

由于输出电压 u_o 有两个不同的值，所以门限电压也有两个不同的值，分别为 $u_P = u_\Sigma = U_{T+}$，$u_P = u_\Sigma = U_{T-}$。

当 $u_o = U_{OH}$ 时，有上门限电压值　　　$U_{T+} = \dfrac{R_f}{R_2 + R_f} U_{REF} + \dfrac{R_2}{R_2 + R_f} U_{OH}$

当 $u_o = U_{OL}$ 时，有下门限电压值　　　$U_{T-} = \dfrac{R_f}{R_2 + R_f} U_{REF} + \dfrac{R_2}{R_2 + R_f} U_{OL}$

将这两个电压与 u_i 单独作用时进行比较，得迟滞特性曲线如图 2-7-3（b）所示。

上、下门限电压值之差称为回差电压，即 $\Delta U_T = U_{T+} - U_{T-} = \dfrac{R_2(U_{OH} - U_{OL})}{R_2 + R_f}$。

3）窗口（双门限）比较器

简单的电压比较器仅能鉴别输入电压 u_i 比参考电压 U_{REF} 高或低的情况，如图 2-7-1（a）所示。窗口电压比较器电路是由两个简单的电压比较器组成，电路如图 2-7-4 所示。当 $U_{T-} < u_i < U_{T+}$ 时，窗口电压比较器的输出电压 $u_o = U_{OH}$；当 $u_i < U_{T-}$ 或 $u_i < U_{T+}$ 时，窗口电压比较器的输出电压 $u_o = U_{OL}$。

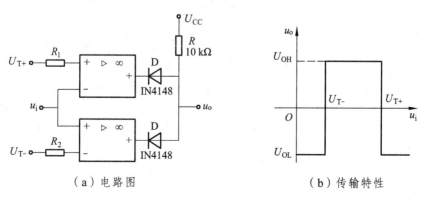

（a）电路图　　　　　　　　　　　　（b）传输特性

图 2-7-4　由两个简单比较器组成的窗口比较器

四、实验设备（见表 2-7-1）

表 2-7-1　实验设备

序号	名　称	型号与规格	数量	备注
1	电子技术实验装置	DZX-2 型	1	
2	双踪示波器	GOS-630FC/ADS1022C	1	
3	函数信号发生器	EM1644	1	
4	交流毫伏表	YB2172B	1	
5	数字万用表	UT39A	1	
6	集成块	μA741		
7	稳压管	2CW231		
8	二极管、三极管 NPN 型	4148		
9	电位器、电阻、连接线若干			

五、实验内容及步骤

1. 单门限反向电压比较器

按图 2-7-5 所示电路接线，U_{REF} 接直流信号源。

（1）调节 U_{REF} 的电压值，使 $U_{REF} = 0$，即过零比较器，完成如下实验内容：

（a）接通 ±5 V 电源，用交流毫伏表测量 u_i 悬空时的输出电压值 U_o。

（b）u_i 端接函数信号发生器，同时在 u_i 和 u_o 端加示波器探头，调节函数信号发生器使其输出频率 $f_i = 1\ kHz$、幅值适当的正弦波信号，观察 u_i 和 u_o 波形；改变 u_i 的幅值，观察 u_o 的幅值是否变化，将结果记入实验报告中的表 2-7-1 中。

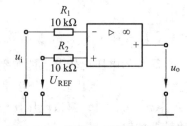

图 2-7-5　简单的反向电压比较器

（c）u_i 端接 ±5 V 可调直流信号源，用万用表的直流档测量 u_o 由 $+U_{omax} \to -U_{omax}$ 或由 $-U_{omax} \to +U_{omax}$ 时 u_i 和 u_o 的值，根据测量值和波形分析，画出传输特性曲线，在曲线上标出阈值电压 U_T、$+U_{omax}$、$-U_{omax}$。将结果记入实验报告中的表 2-7-1 中。

（2）在上述其他条件都不变的情况下，以 $U_{REF} = 0$ 为中心，改变 U_{REF} 的值，观察 u_o 波形的频率、幅值、相位变化情况，将结果记入实验报告中的表 2-7-2 中；并画出 $U_{REF} = 1\ V$ 时的传输特性曲线，记录此时的阈值电压。

2. 反相滞回比较器

按图 2-7-6 所示连接电路，完成如下实验内容：

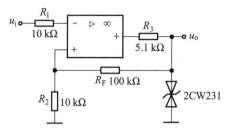

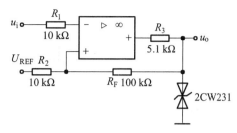

图 2-7-6　反相过零滞回比较器　　　　图 2-7-7　反相滞回比较器

（1）u_i 端接 ± 5 V 可调直流信号源，用万用表的直流档分别测量 u_o 由 $+U_{omax} \to -U_{omax}$ 及由 $-U_{omax} \to +U_{omax}$ 时 u_i 的临界值、输出 $+U_{omax}$ 和 $-U_{omax}$ 的值。

（2）u_i 端接函数信号发生器，同时 u_i 和 u_o 端分别接示波器探头，调节函数信号发生器使 u_i 端为 $f_i = 1\,\text{kHz}$、幅值适当的正弦波信号，观察 u_i、u_o 的波形。改变 u_i 的幅值，观察 u_o 的幅值是否变化。

（3）根据测量结果画出传输特性曲线，将结果记入实验报告中的表 2-7-3 中。分析理论和实测的 ΔU_T 是否相符。

（4）把运放的同相输入端接直流信号源 U_{REF}，电路如图 2-7-7 所示，调节直流信号源 U_{REF}，以 $U_{REF} = 0\,\text{V}$ 为中心变大或变小，在其他条件都不变的情况下，观察 u_o 波形的频率、幅值、相位的变化情况；当 $U_{REF} = 2\,\text{V}$ 时，测量阈值电压 U_{T+}、U_{T-}、输出 $+U_{omax}$ 和 $-U_{omax}$ 的电压值，画出传输特性曲线，将结果记入实验报告中的表 2-7-4 中。

3. 窗口（双限）比较器

按图 2-7-4（a）所示的电路接线，分别调节直流信号源，使 $U_{T+} = 2\,\text{V}$、$U_{T-} = 1\,\text{V}$ 的直流信号，输入端接 $f_i = 1\,\text{kHz}$ 的正弦波信号，u_i、u_o 端接双踪示波器，通过波形分析，画出传输特性曲线，并标出阈值电压 U_{T+}、U_{T-} 及输出 $+U_{omax}$ 和 $-U_{omax}$ 的电压值。

六、实验数据处理

（1）分析上述电压比较器的工作原理，总结几种比较器的特点，阐明各自的特点和它们之间的关系。

（2）整理实验数据，绘制各类比较器的传输特性曲线。

七、思考题

（1）分析电压比较器中阈值电压 U_T 与参考电压 U_{REF} 的关系，二者在什么情况下相等。

（2）若要将窗口比较器的电压传输曲线高、低电平对调，应如何改动比较器电路？

实验八　串联型稳压电源的设计与测试

一、实验基本任务

（1）根据要求设计并画出串联型直流稳压电源各部分电路原理图，分析电路的工作原理；
（2）根据给出的要求，进行元器件参数的选择，连接出完整的实验电路；
（3）对串联型直流稳压电源电路进行调整，测量电路的技术指标，达到设计要求。

二、实验目的与要求

（1）理解串联型直流稳压电路的组成、各部分的功能，会分析稳压电路各元件的作用；
（2）通过研究与设计，学会选择变压器、整流二极管、滤波电容及稳压电路的参数；
（3）掌握稳压电源的主要性能指标的计算及测量方法。

三、设计要求及各部分电路原理

1. 稳压电源的主要性能指标与要求

（1）直流输出电压调节范围 ΔU_o：$8 \sim 13$ V；
（2）最大输出电流 I_{omax}：>100 mA；
（3）输出内阻 R_o：$<0.5\ \Omega$；
（4）稳压系数 S：$<1\%$（电网电压变化 $\pm10\%$）；
（5）最大纹波电压 $K_{L\gamma}$：<10 mV。

2. 电路组成及工作原理

直流稳压电源由电源变压器、整流电路、滤波电路和稳压电路四部分组成，其原理框图如图 2-8-1 所示。各部分电路的功能介绍如下。

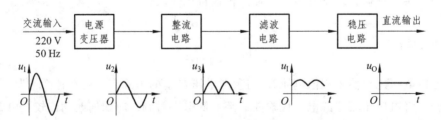

图 2-8-1　直流稳压电源框图

1）电源变压器

电源变压器的作用是将电网 220 V 的交流电压 U_1 变换成整流滤波电路所需要的交流电

压 U_2，变压器副边与原边的功率比为 $P_2 / P_1 = \eta$。一般小型电源变压器的效率 η 如表 2-8-1 所示。对于功率很小的直流电源，也可以用一个电阻进行降压。对于开关电源则直接用市电进行整流滤波。本实验中输出的最高电压为 13 V，调整管的饱和压降为 3 V，变压器的副边电压为交流 16 V，输出电流为 0.1 A，考虑小型电源变压器的效率，选择变压器功率为 2 W。

表 2-8-1　小型电源变压器的效率

副边功率 P_2 / W	< 10	10 ~ 30	30 ~ 80	80 ~ 200
变压器的效率 η	0.6	0.7	0.8	0.85

2）整流电路

整流电路的任务是利用二极管的单向导电性，把交流电变成脉动的直流电。在小功率整流电路中（1 kW 以下），常见的几种整流电路有单相半波、全波、桥式和倍压整流电路。

（1）桥式整流电路的组成。

如图 2-8-2 所示是由 4 个二极管组成的桥式整流电路，R_1 为负载电阻。

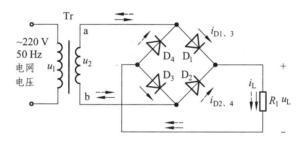

图 2-8-2　单相桥式整流电路原理图

变压器降压后的正弦交流电 u_2（设 a 端为正，b 为端为负），在其正半周内，电流通路由图 2-8-2 中的实线箭头表示，即由 a 点到二极管 D_1 正端→D_1 负端→R_1 的正端→R_1 的负端→D_3 正端→D_3 负端→b 点。在其负半周，电流通路由图 2-8-2 中的虚线箭头表示，即由 b 点到二极管 D_2 正端→D_2 负端→R_1 的正端→R_1 的负端→D_4 正端→D_4 负端→b 点。这样，通过负载电阻的电流总是从上到下的方向，保持不变。但在每个半周内电流的大小是变化的。通过负载电阻的电流 i_L 以及电压 u_L 的波形如图 2-8-3 所示。它们都是单方向的全波脉动波形。

（2）桥式全波整流后负载 R_1 两端电压有效值（平均值）的计算。

用傅里叶级数对图 2-8-3 中的 u_L 的波形进行分解后可得

$$U_L = |\sqrt{2} U_2 \sin \omega t| = \sqrt{2} U_2 \left(\frac{2}{\pi} - \frac{4}{3\pi} \cos 2\omega t - \frac{4}{15\pi} \cos 4\omega t - \frac{4}{35\pi} \cos 6\omega t \cdots \right)$$

式中恒定分量即为负载电阻 R_1 的平均值，因此有

直流电压为　$U_L = \dfrac{2\sqrt{2} U_2}{\pi} = 0.9 U_2$

直流电流为　$I_L = \dfrac{U_L}{R_L} = \dfrac{0.9 U_2}{R_L}$

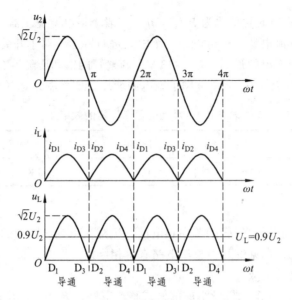

图 2-8-3　单相桥式整流电路波形图

（3）整流二极管参数的计算与选择。

四个整流二极管是两两轮流导通，所以流过每个二极管的平均电流为

$$I_{D} = \frac{1}{2}I_{L} = \frac{0.45U_{2}}{R_{L}} \quad （一般选择二极管的平均电流等于负载电流 1 A。）$$

二极管截止时，管子两端承受最大反向电压都等于 u_2 的最大值，即最大反向电压，为

$$U_{BM} = \sqrt{2}U_{2} = 1.4U_{2}$$

如 1N4007 的最大正向平均整流电流为 1 A，最大反向电压为 1 000 V，整流桥堆 2W06 最大正向平均整流电流为 2 A，最大反向电压为 600 V。上述二者均可满足设计要求。

3）滤波电路

滤波电路的作用是将脉动的直流电变成平滑的直流电。常见的滤波电路有电容滤波电路、电感电容滤波电路和 Π 形滤波电路，如图 2-8-4 所示。

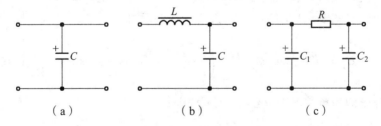

（a）　　　　　　　　（b）　　　　　　　　（c）

图 2-8-4　常见的滤波电路

（1）电容滤波电路。

由于电容滤波电路是将电容器与负载电阻并联接在整流电路的输出回路上，所以分析时

要特别注意电容器两端的电压 u_C 对整流元件导电的影响，整流元件只有受正向电压作用时才导通，否则便截止。如图 2-8-5 所示。

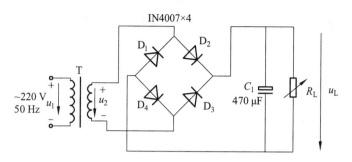

图 2-8-5 整流滤波电路

充电过程：当 $|u_2|$ 的值大于电容上的电压 u_C 时，电路通过二极管向电容与负载电阻进行充电，设变压器副绕组的直流电阻和两个二极管正向电阻之和为 R_{ini}，充电时间常数 $\tau_c = (R_{\text{ini}} // R_L)C \approx R_{\text{ini}}C$ 是很小的，充电电流很大，因此流过二极管的瞬时电流很大。

放电过程：当 $|u_2| < u_C$ 时，4 个二极管都截止，电容器向负载电阻放电。放电时间常数 $\tau_d = R_L C$，负载电阻较大时，电容两端的电压按指数规律慢慢下降，其输出电压等于电容两端的电压。

负载电阻变小时，充电的时间变长，放电的时间变短，但总有充电时间比放电时间短。电容充电得到的能量等于放电时放出的能量。电容器的充放电起到了储能与放能的功能，负载电压的波动因此大为减小。

（2）电容滤波电路中电容器的选择。

为了得到平滑的负载电压，一般要求放电时间常数为交流电半个周期的 3～5 倍，即

$$\tau_d = R_L C > (3 \sim 5)\frac{T}{2}$$

所以电容容量为

$$C > (3 \sim 5)\frac{T}{2R_L}$$

对于 50 Hz 的交流电，$\tau_d = R_L C > (0.03 \sim 0.05) \text{ s}$，当 $R_L = 100 \ \Omega$ 时，$C = 300 \sim 500 \ \mu\text{F}$。

电容的耐压值：$U_{\text{BM}} = \sqrt{2}U_2 = 1.4U_2$，当 $U_2 = 16 \text{ V}$ 时，$U_{\text{BM}} = 22.4 \text{ V}$。

所以选择电容器为：$470 \ \mu\text{F} / 25 \text{ V}$

（3）电容滤波电路的输出特性。

当负载开路时，$R_L = \infty$，$U_L = \sqrt{2}U_2 = 1.4U_2$ 不变。

当电容开路时，$C = 0$，$U_L = 0.9U_2$ 不变。

当整流电路的内阻不太大，充电时间很短，而放电时间常数满足平滑输出要求时，则有负载电压为 $U_L = (1.1 \sim 1.2)U_2$，流过负载的平均电流为 $I_L = \dfrac{U_L}{R_L} = (1.1 \sim 1.2)U_2$。

4）稳压电路

稳压电路的作用是把脉动的直流电变成平滑的满足负载要求的直流电。对稳压电路的基本要求是：当负载电流、输入的直流电压及工作温度在一定范围内变化时，保证输出电压基本不变。电路的保护功能：当输出电流过大（负载过重或输出短路）、或调整管工作温度过高或开关电源时的瞬时脉冲对元件产生冲击时，电路能快速地进行有效的保护；当排除故障后电路能正常工作。

稳压电路一般由调整电路、取样电路、基准电压电路、比较放大电路、启动与保护电路等五个部分组成，如图 2-8-6 所示。

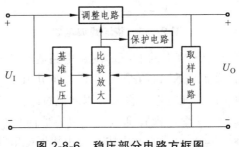

图 2-8-6　稳压部分电路方框图

每个电路部分都可以根据电路指标要求选择不同的结构与工作状态。如调整管工作在开关状态时，称之为直流开关稳压电源；调整管工作在线性放大区，称之为线性直流稳压电源。比较放大电路可以采用三极管的发射极基准电压与加在基极的取样电压进行比较放大，也可以用一个集成运放代替三极管。因此，稳压电路的种类十分丰富，直流电源往往也是根据稳压电路的不同对应于不同的名称。下面以串联型直流稳压电源为例说明稳压电源的工作原理。

（1）串联型直流稳压电源的结构电路。

如图 2-8-7 所示，晶体管 T 在电路中起电压调整作用，相当于可变电阻，故称调整管，因它与负载 R_L 是串联连接的，故称为串联型稳压电路。取样电路由固定电阻 R_1、R_2 和可调电阻 R_p 组成分压电路，取出一个与输出电压的大小相关的电压信号，由 R_p 的动端送到比较放大电路的反相输入端。调整 R_p 可调节输出电压的大小值。电阻 R 与稳压管 D_Z 构成基准电压电路，稳压管 D_Z 两端的电压基本保持不变，又称为参考电压 U_{REF}，其大小由 D_Z 的型号决定。集成运算放大器将取样电压与基准电压比较放大加到调整管的基极。本电路不带保护电路，一旦电路输出端出现短路，会直接导致调整管集电极与发射极导通而损坏。

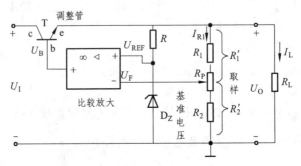

图 2-8-7　直流稳压电源的结构电路图

（2）串联型直流稳压电源工作原理。

因输入电压 U_I 升高、负载电流减小或其他原因引起输出电压 U_o 升高时，基准电压 U_{REF} 不变，反相输入端的取样电压（反馈电压）$U_F = \dfrac{R_2'}{R_1' + R_2'} U_o = F_V U_o$ 升高，U_F 与基准电压 U_{REF} 相比较的差值经放大后，使调整管的基极电压 U_B 和 I_C 下降，调整管的 U_{CE} 增大，从而维持输出电压 U_o 恒定。

反之，因某种原因导致输出电压 U_o 下降时，电路的电压串联负反使输出电压 U_o 基本不变。

（3）串联型直流稳压电源主要元件的选择。

① 输出电压与基准电压、取样电阻之间的关系。

设运放的开环电压放大系数为 A_V，则调整管的基极电压为

$$U_B = A_V(U_{REF} - F_V U_O) = U_{BE} + U_O \approx U_O$$

得

$$U_O = U_{REF} \frac{A_V}{1 + A_V F_V} \approx \frac{U_{REF}}{F_V} = U_{REF}\left(1 + \frac{R_1'}{R_2'}\right)$$

这是设计稳压电路的基本关系式。

② 取样电路电阻的选择。

通常选择取样电路的上下电阻 $R_1 = R_2$，R_P 调节于中间位置时，输出电压为额定电压 $U_O = 12\text{ V}$，由输出电压的计算公式可得 $U_{REF} = U_O/2 = 6\text{ V}$。

可采用 1N4735 稳压管，它的稳压值为 6.2 V，最大工作电流为 40 mA。

为使取样电路的电流在 1 mA 左右，取样电路的阻值选择为 $R_P = 4.7\text{ k}\Omega$，$R_1 = 5\text{ k}\Omega$，$R_2 = 5\text{ k}\Omega$。

③ 取样电路稳压管限流电阻的选择。

当输出电压最小时，稳压管的工作电流为最小，即

$$I_{Dmin} = \frac{U_{omin} - U_D}{R} = \frac{8 - 6.2}{R} = \frac{1.8}{R}$$

当输出电压最大时，稳压管的工作电流为最大，即

$$I_{Dmax} = \frac{U_{omax} - U_D}{R} = \frac{13 - 6.2}{R} = \frac{6.8}{R}$$

为了控制稳压管的工作电流在 1~40 mA 范围内，可取 $R = 510\ \Omega$。

④ 调整管的选择。

选择调整管时要考虑两点：一是三极管的集电极功率要达到设计要求，二是最大集电极电流要达到设计要求。

例如设计要求为：直流输出电压范围 $U_o = 8~13\text{ V}$，最大输出电流 $I_o > 100\text{ mA}$，调整管的饱和压降在 2~3 V，输入电压 $U_I = 16\text{ V}$。则选择三极管的最大集电极电流为 $>100\text{ mA}$，耗散功率为 $>9\text{ V} \times 0.1\text{ A} = 0.9\text{ W}$。实验中可采用 C8050、3DG12 等。

⑤ 集成运放的选择。

集成运放的选择范围比较大，但对稳压电源的调整系数有较大影响。实验中可采用常见线性集成运放 μA741。

3. 稳压电源的性能指标

（1）最大输出电流：稳压电源正常工作时能输出的最大电流。（$R_L = 120\,\Omega$）

（2）输出内阻 R_O：当输入电压 U_I（指稳压电路输入电压）保持不变时，由于负载变化而引起的输出电压变化量与输出电流变化量之比，即

$$R_O = \left.\frac{\Delta U_O}{\Delta I_O}\right|_{\Delta U_I = 0}$$

（3）稳压系数 S（电压调整率）：当负载保持不变时，输出电压相对变化量与输入电压相对变化量之比，即

$$S = \left.\frac{\Delta U_O / U_O}{\Delta U_I / U_I}\right|_{R_L = 常数}$$

由于工程上常把电网电压波动 ± 10% 作为极限条件，因此有时也将此时输出电压的相对变化 $\Delta U_O / U_O$ 作为衡量指标，称为电压调整率。

（4）输出纹波电压：在额定负载条件下，输出电压中所含交流分量的有效值（或峰值）。

四、实验设备（见表 2-8-2）

表 2-8-2　实验设备

序号	名　　称	型号与规格	数量	备注
1	模拟电子技术实验装置	DZ-1	1	
2	双踪示波器	GOS-630FG/ADS1022C	1	
3	数字万用表	UT39A	1	
4	桥堆（或整流二极管）	自主选择		
5	调整管	自主选择		
6	运算放大器	自主选择		
7	稳压管、电阻、电容	自主选择		

五、实验内容及步骤

1. 按实验设计要求画出完整的实验原理图。

（1）画设计原理图到实验报告中。

（2）计算与选择各元件的参数，确定元件型号。

（3）列出元件清单到实验报告中的表 2-8-1 中。

2. 整流滤波电路测试

按图 2-8-5 连接实验电路。取可调工频电源电压为 6 V，作为整流电路输入电压 u_2。

（1）取 $R_L = 240\ \Omega$，不加滤波电容，用万用表的直流电压档测量直流输出电压 U_L，用交流毫伏表测量纹波电压 $\tilde{U}_L$，并用示波器观察 u_L 波形，记入实验报告中的表 2-8-2。

（2）取 $R_L = 240\ \Omega$，$C = 470\ \mu F$，重复内容（1）的要求，记入实验报告中的表 2-8-2。

（3）取 $R_L = 120\ \Omega$，$C = 470\ \mu F$，重复内容 1）的要求，记入实验报告中的表 2-8-2。

3. 串联型稳压电源性能测试

（1）按设计原理图组成一个输出电压在一定范围内可调的串联型稳压电源电路。

（2）测量空载时输出电压的可调范围。

将稳压器输出端负载开路，接通 14 V 工频电源，用万用表的直流电压档测量整流滤波电路输出电压 U_I（稳压器输入电压）及稳压器输出电压 U_O。调节电位器 R_P，观察 U_O 大小随电位器 R_P 的变化情况，记录在实验报告中的表 2-8-3 中。

（3）测量接入负载时输出电压可调范围。

接通 14 V 工频电源，并接入负载 $R_L = 120\ \Omega$（或 $R_L = 240\ \Omega$，调节电位器 R_P 动点在中间位置附近，用万用表的直流电压档测量使 $U_O = 12\ V$，若不满足要求，可适当调整 R_1、R_2 之值。调节电位器 R_P，测量直流输出电压 $U_{Omin} \sim U_{Omax}$ 可调范围，记录在实验报告中的表 2-8-3 中。

（4）测量稳压系数 S。

取负载 $R_L = 120\ \Omega$，改变整流电路输入电压 U_2（分别为 10 V、14 V、17 V，模拟电网电压波动），分别用万用表的直流电压档测出相应的稳压器输入电压 U_I 及输出直流电压 U_O，记入实验报告中的表 2-8-4 中。

（5）测量输出电阻 R_O。

取 $U_2 = 16\ V$，$U_O = 12\ V$，改变负载电阻，使 I_O 为空载（负载断开）、50 mA（负载 $R_L = 240\ \Omega$）和 100 mA（负载 $R_L = 120\ \Omega$），用万用表直流电压档测量输出电压 U_O 值，记入实验报告中的表 2-8-5 中。

（6）测量输出纹波电压。

取 $U_2 = 14\ V$，$U_O = 12\ V$，负载 $R_L = 120\ \Omega$，用交流毫伏表测量输出纹波电压 $\tilde{U}_L$，记录之。

实验九　集成稳压器电路特性及应用研究

一、基实验本任务

（1）用三端稳压器组成一个固定输出直流电源，测量输出特性与稳压系数。

（2）用三端稳压器组成一个正、负双输出直流电源，测量输出电压。

（3）运用 W317 集成稳压器组成一个可调输出电压电源，测量输出电压的范围。

二、实验目的与要求

（1）掌握基本的三端集成稳压器的功能与基本参数。

（2）了解如何用三端集成稳压电源组成正负双电源，掌握连接方法。

（3）了解可调直流稳压电源的主要特点，学会选择取样电阻的参数。

三、实验原理

1．基本概念

1）集成稳压电路

集成稳压电路是将不稳定的直流电压转换成稳定的直流电压的集成电路，要求当输入的电源电压波动、负载的电流大小变化、工作温度发生改变等各种条件与因素影响时，都可以获得较为稳定的纹波很小的直流电压输出。输出的电压可能是固定的、也可能是在一定范围内可调的。

一般分为线性集成稳压器和开关集成稳压器两类，前者大功率调整管工作在线性区，后者工作在高频开关状态。

线性集成稳压器的大功率调整管工作在线性区，通过调整其工作点来改变调整管两端的电压，从而实现对输出电压的稳定。其输出电压一定比输入电压低，按输入与输出之间的电压差（压差）可分为低压差集成稳压器和一般压差集成稳压器。电路主要由启动电路、基准电压电路、取样电路、比较放大电路、调整电路和保护电路等部分组成。具有输出电流大、电压较高，体积小、高可靠性等优点，但电源利用效率较低。电路中常用的集成稳压器主要有 78XX 系列、79XX 系列、可调集成稳压器、精密电压基准集成稳压器等。

开关集成稳压器的大功率调整元件工作在开关状态，通过调整开和关的时间来稳定输出，是由直流变交流（高频）再变直流的变换器。通常有脉冲宽度调制和脉冲频率调制两种，输出电压是可调。分为降压型集成稳压器、升压型集成稳压器和输入与输出极性相反集成稳压器。其效率特别高，但开关管工作在高频状态，易产生电磁干扰。常用的有 AN5900、TL494、HA17524 等为代表控制芯片。

2）线性集成稳压器的种类

线性集成稳压器的种类很多，按出线端子多少和使用情况大致可分为三端固定式、三端可调式、多端可调式及单片开关式等几种。应根据设备对直流电源的要求来进行选择。

（1）三端固定式集成稳压器。

三端固定式集成稳压器将基准电路、取样电路、补偿电路、保护电路、大功率调整管等都集成在同一芯片上，使整个集成电路块只有输入、输出和公共3个引出端，使用非常方便，因此获得了广泛应用。它的缺点是输出电压固定，所以必须生产各种输出电压、电流规格的系列产品。7800系列集成稳压器是常用的固定正输出电压的集成稳压器，7900系列集成稳压器是常用的固定负输出电压的集成稳压器。

（2）三端可调式集成稳压器。

三端可调式集成稳压器只需外接两只电阻即可获得各种输出电压。如，CW117为常用的三端可调式正输出集成稳压器，CW137为常用的三端可调式负输出集成稳压器。

2. 典型三端式集成稳压器

1）CW7800/CW7900 系列稳压器命名

CW7800/CW7900 系列是按一定的规则进行命名的。如 CW78L05，前面两位数字 78/79 分别代表输出为正电压与负电压，后两位代表输出的电压（如 05 V），常见的有 5 V、6 V、9 V、12 V、15 V、18 V、24 V 七个档次；中间的字母（或没字母）代表输出最大电流，分别是：L—0.1A，M—0.5A，无字母—1.5A，T—3A，H—5A，P—10A。

2）三端式集成稳压器性能指标

三端式集成稳压器性能指标可分为两类：一类是特性指标，主要有最高输入电压 $U_{\text{I,max}}$、输出电压 U_O、最大输出电流 $I_{\text{O,max}}$、最小输入输出电压差 ΔU、最大散热功率 P_m 和输出电压调节范围等；一类是质量指标，用来衡量输出直流电压的稳定程度，包括稳压系数 γ（电压调整率 S_V、输入调整因数 K_V）、输出阻抗 R_O、温度系数 S_T、纹波电压等。

输出内阻 R_O：当输入电压 U_I（指稳压电路输入电压）保持不变时，由于负载变化而引起的输出电压变化量与输出电流变化量之比，即 $R_\text{O} = \dfrac{\Delta U_\text{O}}{\Delta I_\text{O}}\bigg|_{\substack{\Delta U_\text{I}=0 \\ \Delta T=0}}$。

稳压系数 γ：负载电流保持不变时，输出电压相对变化量与输入电压相对变化量之比，即 $\gamma = \dfrac{\Delta U_\text{O}/U_\text{O}}{\Delta U_\text{I}/U_\text{I}}\bigg|_{\substack{\Delta I_\text{O}=0 \\ \Delta T=0}}$。由于工程上常把电网电压波动 ±10% 作为极限条件，因此也将此时输出电压的相对变化 $\Delta U_\text{O}/U_\text{O}$ 作为衡量指标，称为电压调整率 $S_V = \Delta U_\text{O}/U_\text{O}\big|_{\Delta R_\text{L}=0}$（当 $\Delta U_\text{I}/U_\text{I} = 10\%$ 时。）

温度系数：是输入电压、输出电流不变时，管温每升高 1 ℃ 时输出电压的变化，即 $S_T = \dfrac{\Delta U_\text{O}}{\Delta T}\bigg|_{\substack{\Delta U_\text{I}=0 \\ \Delta I_\text{o}=0}}$。

纹波电压：在额定负载条件下，输出电压中所含交流分量的有效值（或峰值）。

三端固定正电压稳压器 CW7812 的主要参数：最高输入电压 + 35 V，输出电压 + 11.5 ～ 12.5 V，输出电流 1.5 A，最小输入输出电压差 3 V，输入电压范围 15 ～ 17 V，电压调整率 10 mV/V，输出电阻 0.15 Ω，温度系数为 － 1 mV/℃。

3）W7800/W7900 系列的外形和接线图

图 2-9-1 所示为 W7800 系列的外形和接线图。图 2-9-2 所示为 W7900 系列（输出负电压）外形及接线图。W7812 的散热片与接地脚是相连的，而 W7912 接负电源的输入端，运用时一定要注意。

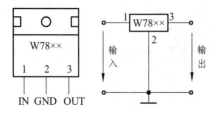 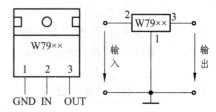

图 2-9-1　W7800 系列外形及接线图　　　　图 2-9-2　W7900 系列外形及接线图

4）CW7800 的内部结构与功能分析

CW7800 的内部结构方框图如图 2-9-3 所示。启动电路的作用是为集成电路内部的恒流源提供基极电流使之导通，从而使整个电路开始工作。启动完成后，便切断启动电路与放大电路联系。基准电压电路往往由具有正温度系数的稳压管、电阻和具有负温度系数的三极管的发射结构成，形成温度互补。稳压管的电流由恒流源提供，从而保证基准电压不受输入电压与温度等因素的影响。取样电路由两个串联分压电阻构成，并联接在输出端，当输出电压变化时，取样电压同时改变。比较放大电路的作用是将取样电压与基准电压进行比较，得出误差电压后放大送到调整电路。调整电路由复合管三极管组成，通过比较放大电路的输出电压信号对基极电压进行控制，调整复合管的导通状态（工作在线性放大区），从而调整输出电压。保护电路主要起两方面的作用：一是保证调整管不过载，使之功耗限制在允许范围内；二是过热保护，即当某种原因使芯片温度上升时，使输出电流下降。

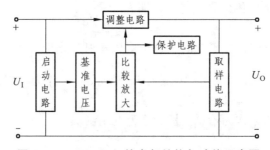

图 2-9-3　CW7800 的内部结构与功能示意图

3. 单电源电压输出串联型稳压电源实验电路原理分析

图 2-9-4 所示是用三端式稳压器 W7812 构成的单电源电压输出串联型稳压电源的电路。

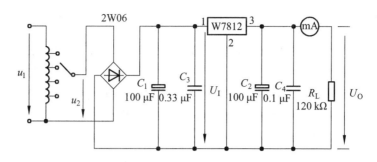

图 2-9-4　由 W7812 构成的串联型稳压电源实验电路

图中整流部分采用了由 4 个二极管组成的桥式整流器成品（又称桥堆），型号为 2W06（或 KBP306），其内部接线和外部管脚引线如图 2-9-5 所示。滤波电容 C_1、C_2 一般选取几百~几千微法。当稳压器距离整流滤波电路比较远时，在输入端必须接入电容器 C_3（数值为 0.33 μF），以抵消线路的电感效应，防止产生自激振荡。输出端电容 C_4（0.1 μF）用以滤除输出端的高频信号，改善电路的暂态响应。

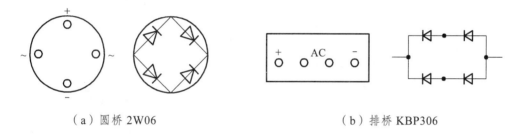

（a）圆桥 2W06　　　　　　　　　　　　　（b）排桥 KBP306

图 2-9-5　桥堆管脚图

4. 正、负双电源输出实验电路原理分析

实际应用中，往往需要正、负对称的双电源，如图 2-9-6 所示，是采用三端式稳压器 W7805 与 W7905 构成的双电压电源的实验电路图。输出的两个电压分别为 + 5 V 与 – 5 V，这时输入的电源电压应为单电源时的 2 倍。

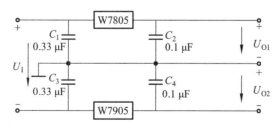

图 2-9-6　正、负双电压输出电路

5. 三端可调集成稳压器

三端固定输出集成稳压器主要用于固定输出标准电压值的稳压电源中，虽然通过外接电路元件，也可以构成多种形式的可调稳压电源，但稳压性能指标有所降低。三端可调集成稳压器性能指标优良，输出电压调节范围大。

1）三端可调集成稳压器的分类

三端可调集成稳压器分为：CW117、CW217、CW317（正电压输出）和 CW137、CW237、CW337（负电压输出），第一个数字1、2、3，分别对应于军用品、工业品与民用品。每个系列又有 100 mA、0.5 A、1.5 A、3 A 等品种。可以实现输出电压的连续可调。其电压调整率、电流调整率和纹波抑制比都比 CW78 和 CW79 系列高几倍。

2）W117/W137 系列的外形图与内部结构框图

如图 2-9-7 所示，要注意 W117 与 W137 的输入、输出引脚刚好是相反的，而散热片都是与 2 脚相连，使用时不能直接接地。输出脚与调整脚之间保持一个稳定性很高的电压 $U_{REF} = 1.25$ V（1.2 V ~ 1.3 V 之间），同时调整脚输出稳定的参考电流 $I_{REF} = 50$ μA。

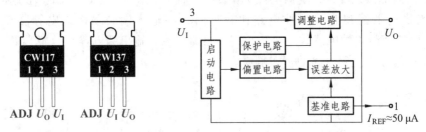

图 2-9-7　三端可调稳压器外形与内部电路原理框图

3）W317 的应用电路与输出电压范围

如图 2-9-8 所示为实验应用电路参考图。

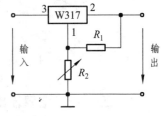

输出电压计算公式：$U_O = \dfrac{U_{REF}}{R_1}(R_1 + R_2) + I_{REF}R_2 \approx 1.25\left(1 + \dfrac{R_2}{R_1}\right)$

可见输出电压的最低值总是 1.25 V，不能从零输出开始。如果要获得从 0 V 开始的输出电压，还要对电路进行改造。

W317 最大输入电压 $U_{I,max} = 40$ V，输出电压范围 $U_O = 1.25 \sim 37$ V。

图 2-9-8　W317 可调集成三端稳压器实验电路图

四、实验设备（见表 2-9-1）

表 2-9-1　实验设备

序号	名　称	型号与规格	数量	备注
1	模拟电子技术实验装置	DZ-2 型	1	
2	交流毫伏表	YBZ172B	1	
3	数字万用表	UT39A	1	
4	桥堆	2WO6（KBP306）	1	
5	三端稳压器	W7812，W317	1	
6	电阻与连接线若干等	2 kΩ 多圈电位器	1	1 W 电阻

五、实验内容及步骤

1. 集成稳压器性能测试

1）实验电路连接

按图 2-9-4 连接实验电路，从变压器二次侧取出交流 14 V 电压作为整流电路输入电压 u_2。用 2W06（或 KBP306）桥堆整流，经电容量 C_1 滤波后为集成稳压器提供不稳定的直流。在 W7812 集成稳压器的输出端接上电容 C_2 与负载电阻 R_L（可以是可调电位器，也可以是固定电阻）。

2）电路工作状态测量

（1）接通工频 14 V 电源，用交流毫伏表测量整流电路的交流输入 U_2 值。

（2）用万用表的直流电压档测量滤波电路输出电压 U_I（稳压器输入电压）。

（3）测量集成稳压器输出电压 U_O，将结果记入实验报告中的表 2-9-1 中。它们的数值应与理论值大致符合，否则说明电路出了故障，应设法查找故障并加以排除。

3）电路各项性能指标测试

（1）测量输出电压 U_O、最大输出电流 $I_{O,max}$，计算输出电阻。

最大输出电流 $I_{O,max}$ 是指负载电流的额定最大值。W7812 的输出电压为 12 V，最大输出电流 $I_{O,max} = 1.5\ A$，取 $U_2 = 14\ V$，改变负载电阻 R_L 大小（注意电阻的功率，可用多个电阻并联的方式），测量对应的输入电压 U_I、输出电流 I_O、输出电压 U_O，记入实验报告中的表 2-9-2 中，作出负载特性曲线，对比输入电压的变化与输出电压变化的大小，计算出输出电阻。

（2）测量稳压系数 γ。

改变整流电路输入电压 U_2 为 14,16,18 V（模拟电网电压波动），调节负载电阻的值，保持输出电流 $I_O = 100\ mA$，分别测出相应的稳压器输入电压 U_I 及输出直流电压 U_O，记入实验报告中的表 2-9-3 中。计算稳压系数。

4）过流保护电路的测试

用导线瞬时短接一下输出端，测量输入电压 U_I、输出电流 I_O、输出电压 U_O，然后去掉导线检查电路是否自动恢复正常工作。

2. 正、负双电源输出电压测量

（1）按图 2-9-6 连接实验电路，稳压器为 W7805 与 W7905，在输出端接上负载电阻 $R_L = 100\ \Omega$。

（2）取 $U_2 = 14\ V$，测量输入电压 U_I、输出电压 U_{O1}、U_{O2}（注意万用表的极性），记录数据。

3. 三端可调集成稳压器测试

（1）按图 2-9-8 连接实验电路，取 $R_1 = 120\ \Omega$，$R_2 = 2\ k\Omega$ 为可调多圈电位器，$R_L = 120\ \Omega$，输出串联一个电流表测量输出电流。

（2）取 $U_2 = 14\,V$，调节 R_2 的值，测量输入电压 U_I、输出电流 I_O、输出电压 U_O，记录数据到实验报告中的表 2-9-4 中。

（3）改变负载电阻 $R_L = 60\,\Omega$，重复上述步骤（2）的内容。

六、实验数据处理

（1）分析整理实验结果，对集成稳压电源的性能给予评价。

（2）总结测试稳压电源参数的方法。

（3）三端集成稳压器使用注意事项：

① 防止输入、输出反接。

② 防止稳压器浮地故障。

③ 稳压器输入端不能短路。

七、思考题

（1）在桥式整流电路实验中，能否用双踪示波器同时观察 u_2 和 u_L 的波形，为什么？

（2）在桥式整流电路中，如果某个二极管发生开路、短路或反接三种情况，将会出现什么问题？

第三章 数字电子技术实验

实验一 基本组合逻辑电路功能研究

一、实验任务

（1）测试与门、与非门、异或门、非门四种基本集成 TTL 门电路的基本逻辑功能；

（2）用与门和异或门组合设计与实现一个半加器电路；

（3）用与门、或门和异或门组合设计与实现一个全加器电路。

二、实验目的与要求

（1）认识常用逻辑集成芯片及其引脚功能；

（2）掌握真值表与电路的对应关系，会测试基本门电路的逻辑功能；

（3）了解组合逻辑电路的分析方法和设计方法，能实现简单的组合逻辑电路。

三、实验原理

1. 数字电子电路基础知识

数字电子电路目前已完全实现了集成化，它是存储、传送、变换和处理数字信息的一类电子电路的总称。按集成度可分为小规模（SSI）、中规模（MSI）、大规模（LSI）和超大规模（VLSI）等类型。按工艺可分为双极型（如 TTL）与单极型（如 CMOS）两大类。

对于 TTL 电路，电源电压 V_{DD} 额定值为 + 5 V，允许可波动范围为 4.75 ~ 5.25 V。高电平输入电压为 $U_{IH} > 2$ V，低电平输入电压为 $U_{IL} < 0.8$ V。其高电平时，电流从外部流入 TTL 输入端，但电流极小（反向二极管的漏电流）；在低电平时，电流由电源 V_{CC} 端经电路内部流出输入端，电流较大，将决定上级电路的负载能力。TTL 电路高电平输出时一般为 3.5 V 左右，低电平输出时允许灌入 8 mA 左右的电流，最高工作频率约为 30 MHz。

对于 CMOS 电路，不同类型的芯片，其电源电压额定值不同，可能在 1 ~ 18 V 之间。因此高、低电平的电压值也不同。如漏极电源电压为 V_{DD}，源极电源电压为 V_{SS}，则输出高电平 $U_{OH} > (V_{DD} - 0.05 \text{ V})$，输出低电平 $U_{OL} < (V_{SS} + 0.05 \text{ V})$；输入高电平值 $V_{IH} \leqslant V_{DD} + 0.5$ V，输入低电平 $V_{IL} \geqslant V_{SS} - 0.5$ V。

不同集成电路、接口所采用的高、低逻辑电平的电压值往往是不同的，这时，必须进行逻辑电平的电压转换。

2. 集成电路封装与管脚的识别

集成电路的封装种类很多，常用的有单列直插式（SIP）、双列直插式（DIP）、双列小外型表面贴装式（SOP）等。

对于集成芯片，必须确定各管脚的编号，通常的方法是：第一步，先在集成电路上找到的排序定位（或称第 1 脚）的标记，如管键、弧形凹口、圆形凹坑、小圆圈、色条、斜切角等标记。第二步，集成电路正面的字母、代号对着自己，使定位标记朝左下方，则处于最左下方的引脚为第 1 脚。第三步，按逆时针方向依次数引脚，是第 2 脚、第 3 脚等。图 3-1-1 是双列直插 14 脚集成电路 74LS08P 的外形图与引脚识别方法图。

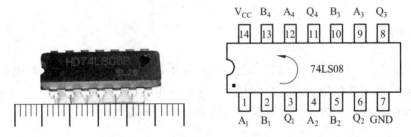

图 3-1-1　集成电路芯片引脚排列识别图

3. 基本逻辑门电路

基本门电路常用的有：与门、非门、与非门、或非门、异或门等。下面以 TTL 与门电路为例，说明其逻辑功能与主要参数。

1）TTL 与门的逻辑功能

与门的逻辑功能是：当输入端中有一个或一个以上是低电平时，输出端为低电平；只有当输入端全部为高电平时，输出端才是高电平（即有"0"得"0"，全"1"得"1"）。

表示其逻辑电路的逻辑功能有多种方式，如逻辑表达式、逻辑图、真值表等。与门的逻辑表达式 $Y = AB$。

2）TTL 门电路的主要参数

（1）低电平输出电源电流 I_{CCL} 和高电平输出电源电流 I_{CCH}。

I_{CCL} 是指所有输入端悬空、输出端空载时，电源提供器件的电流。

I_{CCH} 是指输出端空载、每个门各有一个以上的输入端接地、其余输入端悬空时，电源提供给器件的电流。

通常 $I_{CCL} > I_{CCH}$，它们的大小标志着器件静态功耗的大小。

（2）低电平输入电流 I_{iL} 和高电平输入电流 I_{iH}。

I_{iL} 是指被测输入端接地、其余输入端悬空、输出端空载时，由被测输入端流出的电流值。在多级门电路中，I_{iL} 相当于前级门输出低电平时，后级向前级门灌入的电流，因此它关系到前级门的灌电流负载能力，即直接影响前级门电路带负载的个数，因此希望 I_{iL} 小些。

I_{iH} 是指被测输入端接高电平、其余输入端接地、输出端空载时，流入被测输入端的电流值。在多级门电路中，它相当于前级门输出高电平时，前级门的拉电流负载，其大小关系到前级门的拉电流负载能力，希望 I_{iH} 小些。由于 I_{iH} 较小，难以测量，一般免于测试。

（3）扇出系数 N_O。

N_O 是指电路能驱动同类门的个数，它是衡量门电路负载能力的一个参数，TTL 与非门有两种不同性质的负载，即灌电流负载和拉电流负载，因此有两种扇出系数，即低电平扇出系数 N_{OL} 和高电平扇出系数 N_{OH}。通常 $I_{iH} < I_{iL}$，则 $N_{OH} > N_{OL}$，故常以 N_{OL} 作为门的扇出系数。

（4）电压传输特性。

门的输出电压 u_o 随输入电压 u_i 而变化的曲线 $u_o = f(u_i)$，称为门的电压传输特性。通过它可以读得门电路的一些重要参数，如输出高电平 U_{OH}、输出低电平 U_{OL}、关门电压 U_{OFF}、开门电压 U_{ON}、阈值电平 U_T 及抗干扰容限 U_{NL}、U_{NH} 等值。

4. 组合逻辑电路

1）组合逻辑电路的分析步骤

（1）根据逻辑电路，从输入到输出，写出各输出端的逻辑表达式，直到写出最后输出端与输入信号的逻辑函数表达式；

（2）化简和变换逻辑表达式，以得到最简单的与或表达式；

（3）根据简化后的最简单的与或表达式，写成最小项的形式，再列出真值表；

（4）根据真值表和最简逻辑表达式，经过分析最后确定其逻辑功能。

2）组合逻辑电路的设计步骤

（1）明确实际问题的逻辑功能，根据实际逻辑问题的因果关系，确定输入、输出变量及表示符号；

（2）根据对电路逻辑功能的要求，列出真值表；

（3）由真值表写出逻辑表达式；

（4）根据器件的类型，简化和变换逻辑表达式，画出逻辑电路图。

5. 组合逻辑电路设计举例——表决器电路

用"与非"门设计一个表决器电路，步骤如下：

（1）四个输入端的逻辑变量为 A、B、C、D，同意时逻辑值为"1"，其他情况"0"，一个输出端的逻辑变量为 Z，当输入端中有三个或四个为"1"时，输出端 Z 才为"1"。

（2）列表值表。先列出一个二维表格，左列为逻辑变量，右边按一定的顺序填入输入变量的逻辑值，再根据步骤（1）中的逻辑关系得出输出变量的逻辑值，如表 3-1-1。

表 3-1-1　表决器电路真值表

逻辑变量	逻辑值															
输入 A	0	0	0	0	1	1	1	1	0	0	0	0	1	1	1	1
输入 B	0	0	1	1	0	0	1	1	0	0	1	1	0	0	1	1
输入 C	0	1	0	1	0	1	0	1	0	1	0	1	0	1	0	1
输入 D	0	0	0	0	0	0	0	0	1	1	1	1	1	1	1	1
输出 Z	0	0	0	0	0	0	0	1	0	0	0	1	0	1	1	1

（3）由真值表画出卡诺图，如图 3-1-2 所示。由卡诺图写出最简逻辑表达式"与非"的形式 $Z = ABC + BCD + ACD + ABD = \overline{\overline{ABC} \cdot \overline{BCD} \cdot \overline{ACD} \cdot \overline{ABC}}$。

AB	CD			
	00	01	11	10
00	0	0	0	0
01	0	0	1	0
11	0	1	1	1
10	0	0	1	0

图 3-1-2　表决器电路卡诺图

（4）根据逻辑表达式画出用"与非门"构成的逻辑电路如图 3-1-3 所示。采用四输入二路与非门集成芯片 74LS20 来实现时，需要三片 74LS20 集成芯片。

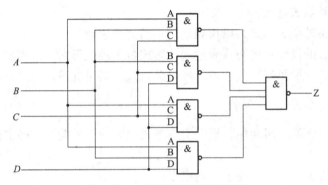

图 3-1-3　表决器逻辑电路图

6. 算术运算电路设计举例——半加器与全加器电路

半加器与全加器是算术运算电路中的基本单元，它们是完成 1 位二进制数相加的一种组合逻辑电路。

1）半加器

只考虑两个加数本身，不考虑低位进位的加法运算，称为半加。实现半加运算的逻辑电路称为半加器。输入逻辑变量为 A、B，输出逻辑变量为和数 S 与进位数 C。由真值表可得逻辑表达式 $S = \overline{A}B + A\overline{B} = A \oplus B$，$C = AB$，可以用异或门和与门组成。半加器逻辑图如图 3-1-4 所示。

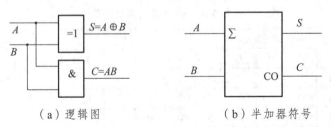

（a）逻辑图　　　　　　　　　（b）半加器符号

图 3-1-4　半加器

2）全加器

全加器能进行加数、被加数和低位来的进位信号相加，并根据求和结果给出该位的进位信号。输入逻辑变量为 A_i、B_i、C_{i-1}，输出逻辑变量为和数 S_i 与进位数 C_i。由真值表可得逻辑表达式：$S_i = \overline{A_i}\overline{B_i}C_{i-1} + \overline{A_i}B_i\overline{C_{i-1}} + A_i\overline{B_i}\overline{C_{i-1}} + A_iB_iC_{i-1} = A_i \oplus B_i \oplus C_{i-1}$

$$C_i = A_iB_i + A_i\overline{B_i}C_{i-1} + \overline{A_i}B_iC_{i-1} = A_iB_i + (A_i \oplus B_i)C_{i-1} ,$$

全加器可以由两个半加器和一个或门构成，如图 3-1-5 所示。采用一片 74LS86（二输入四路异或门）、一片 74LS00（二输入四路与非门）和一片 74LS32（二输入四路或门）组成。

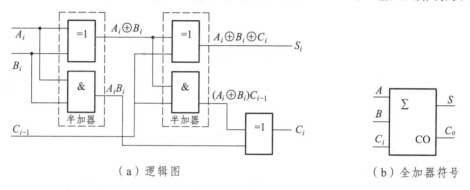

（a）逻辑图　　　　　　（b）全加器符号

图 3-1-5　全加器

四、实验设备（见表 3-1-2）

表 3-1-2　实验设备

序号	名　称	型号与规格	数量	备注
1	数字电路实验系统	DZ-2	1	
2	二输入端四路与门集成芯片	74LS08	1	备份 1
3	二输入端四路或门集成芯片	74LS32	1	备份 1
4	六路非门集成芯片	74LS04	1	备份 1
5	二输入端四路与非门集成芯片	74LS00	1	备份 1
6	四输入端二路与非门集成芯片	74LS20	3	备份 1
7	二输入端四路异或门集成芯片	74LS86	1	备份 1

五、实验内容与基本步骤

1. 测试与门（74LS08）、非门（74LS04）、与非门（74LS00）、异或门（74LS86）的逻辑功能

（1）与门电路逻辑功能验证实验接线图如图 3-1-6（a）、（b）所示。集成电路 74LS08 的管脚排列如图 3-1-6（c）所示，选与门 74LS08 中的一个与门输入端接实验系统的逻辑开关，输出端接发光二极管（注意集成门电路的电源和地必须正确连接）。

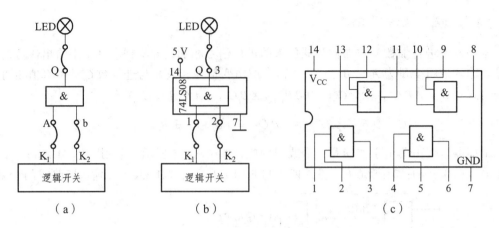

图 3-1-6　74LS08 门电路的逻辑功能和管脚排列

（2）按实验报告中的表 3-1-1 中的输入要求，通过实验系统上的逻辑开关改变输入 *A*、*B* 的状态，通过输出端的发光二极管 LED 观察输出结果，将测试结果转换为逻辑状态（注：灯亮为 1，不亮为 0）填入实验报告中的表 3-1-1 中。

（3）参考与门的测试方法，测试二输入与非门（74LS00）、非门（74LS04）、二输入异或门（74LS86）的逻辑功能。将测试结果填入实验报告中的表 3-1-1 中。

2. 分析与测试表决器电路逻辑功能

（1）根据图 3-1-3 所示的逻辑图，用四输入二路与非门集成芯片 74LS20 连接好电路。74LS20 的引脚排列如图 3-1-7 所示。

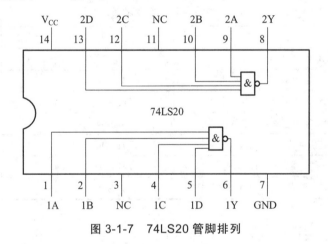

图 3-1-7　74LS20 管脚排列

（2）加入输入电平逻辑信号，验证真值表 3-1-1。

3. 分析与测试半加器的逻辑功能

（1）根据图 3-1-4 所示，用与非门（74LS00）和异或门（74LS86）连接一个半加器电路。

（2）加入输入电平逻辑信号，测定输出端的逻辑信号，填入实验报告中的表 3-1-2 中。

（3）根据输入与输出关系写输出端的逻辑表达式。

4. 连接全加器逻辑电路，并测试逻辑功能

（1）根据图 3-1-5 所示，用与非门（74LS00）、异或门（74LS86）和或门（74LS32）连接一个全加器电路。

（2）加入输入电平逻辑信号，测定输出端的逻辑信号，填入实验报告中的表 3-1-3 中。

（3）根据输入与输出关系写输出端的逻辑表达式。

六、注意事项

（1）TTL 门电路悬空的输入端相当于接高电平；

（2）为了防止窜入干扰，可将与非门悬空的输入端接高电平。

实验二　编码器和译码器及其扩展功能

一、实验任务

（1）用 74LS148 连接一个优先编码器电路并测试其功能；

（2）用 74LS138 连接一个译码器电路并测试其功能，利用与非门实现逻辑功能；

（3）用显示译码电路验证 CC4511 译码器功能。

二、实验目的与要求

（1）熟悉 74LS148 编码器与 74LS138 译码器集成芯片的功能；

（2）了解显示电路的连接与组成方式，验证显示译码芯片 CD4511 的功能；

（3）会用一些通用芯片完成组合逻辑电路的设计与实现。

三、实验原理

1. 编码器

1）编码与编码器

用一个二进制代码表示特定含义的信息称为编码；具有编码功能的逻辑电路称为编码器。按照被编码信号的不同特点和要求，常用的编码器有：普通（二进制编码器，二-十进制）编码器，优先编码器等。优先编码器是将多路输入信号按一定的优先级别进行编码的逻辑部件。当输入端有 2 个或 2 个以上信号同时输入时，只按输入信号中优先级别最高的一个输入信号进行编码输出。

2）8 线-3 线优先编码器（74LS148）

编码器芯片 74LS148 的作用是将输入 $\overline{I_0} \sim \overline{I_7}$ 的 8 个状态，分别编成 3 位二进制代码输出。它的功能表见表 3-2-1，引脚排列如图 3-2-1 所示。它有 8 个输入端，3 个二进制码输出端，输入使能端 $\overline{EI}$，输出使能端 $\overline{EO}$ 和优先编码工作状态标志 $\overline{GS}(\overline{S})$。优先级从 $\overline{I_7}$ 至 $\overline{I_0}$ 依次递减。

表 3-2-1　74LS148 功能表

输入									输出				
$\overline{EI}$	$\overline{I_0}$	$\overline{I_1}$	$\overline{I_2}$	$\overline{I_3}$	$\overline{I_4}$	$\overline{I_5}$	$\overline{I_6}$	$\overline{I_7}$	$\overline{A_2}$	$\overline{A_1}$	$\overline{A_0}$	$\overline{GS}(\overline{S})$	$\overline{EO}$
1	×	×	×	×	×	×	×	×	1	1	1	1	1
0	1	1	1	1	1	1	1	1	1	1	1	1	0
0	×	×	×	×	×	×	×	0	0	0	0	0	1

114

输入									输出				
$\overline{EI}$	$\overline{I_0}$	$\overline{I_1}$	$\overline{I_2}$	$\overline{I_3}$	$\overline{I_4}$	$\overline{I_5}$	$\overline{I_6}$	$\overline{I_7}$	$\overline{A_2}$	$\overline{A_1}$	$\overline{A_0}$	$\overline{GS}(\overline{S})$	$\overline{EO}$
0	×	×	×	×	×	×	0	1	0	0	1	0	1
0	×	×	×	×	×	0	1	1	0	1	0	0	1
0	×	×	×	×	0	1	1	1	0	1	1	0	1
0	×	×	×	0	1	1	1	1	1	0	0	0	1
0	×	×	0	1	1	1	1	1	1	0	1	0	1
0	×	0	1	1	1	1	1	1	1	1	0	0	1
0	0	1	1	1	1	1	1	1	1	1	1	0	1

（注：$\overline{A}$ 表示低电平有效，×表示任意电平。）

（1）当 $\overline{EI}=1$ 时，不论输入 $\overline{I_0} \sim \overline{I_7}$ 8 个端为何种状态，$\overline{A_2}$、$\overline{A_1}$、$\overline{A_0}$ 都为高电平，且 $\overline{EO}=1$，$\overline{GS}(\overline{S})=1$（此时编码器处于不工作状态）。

（2）当 $\overline{EI}=0$ 时。

第一种情况：$\overline{I_0} \sim \overline{I_7}$ 均为高电平，$\overline{GS}(\overline{S})=1$ 时，$\overline{A_2}\overline{A_2}\overline{A_0}=111$ 为非编码输出（已工作，但无有效输入请求）。这种情况下 $\overline{EO}=0$，它可与另一片同样的器件的 $\overline{EI}$ 连接，以便组成更多输入端的优先编码器，实现功能的扩展。

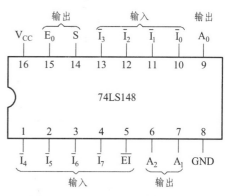

图 3-2-1　74LS148 引脚排列图

第二种情况：只有当 $\overline{I_0} \sim \overline{I_7}$ 中的一个或多个为低电平时，如 $\overline{I_5}=0$，$\overline{I_6}=\overline{I_7}=1$，$\overline{I_0} \sim \overline{I_4}$ 为任意电平，编码器优先对 $\overline{I_5}$ 进行编码，$\overline{A_2}\overline{A_2}\overline{A_0}=010$ 为编码输出，此过程中 $\overline{GS}(\overline{S})=0$。

2. 译码器

1）译码与译码器

译码是编码的逆过程，它的功能是将具有特定含义的二进行制输入代码 "翻译"成对应的输出信号，实现译码操作的逻辑电路称为译码器。

译码器从功能上分为三类：二进制译码器（74LS138, 139），二-十进制译码器（74LS145），显示译码器（共阴 CC4511）。从输入代码与输出代码关系上分为两类：一类是将一系列代码转换成与之一一对应的有效信号（输出信号中只的一个 0 或 1），称为唯一地址译码器，如二进制译码器，二-十进制译码器；一类是将一种代码转换成另一种代码，称为代码转换器，如显示译码器。

2）3 线-8 线二进制译码器（以 74LS138 为例）

74LS138 的逻辑图及引脚功能如图 3-2-2 所示。其中 A_2、A_1、A_0 为地址输入端，$\overline{Y_0} \sim \overline{Y_7}$ 为译码输出端，S_1、$\overline{S_2}$、$\overline{S_3}$ 为使能端。

74LS138 的功能表（真值表）为如表 3-2-2。当 $S_1=1$，$\bar{S}_2=\bar{S}_3=0$ 时，译码器处于工作状态，地址码所指定的输出端有信号输出（为 0），其他所有输出端均无信号输出（全为 1）；当 $S_1=0$，$\bar{S}_2+\bar{S}_3=\times$ 或 $S_1=\times$，$\bar{S}_2+\bar{S}_3=1$ 时，译码器被禁止，所有输出同时为 1。

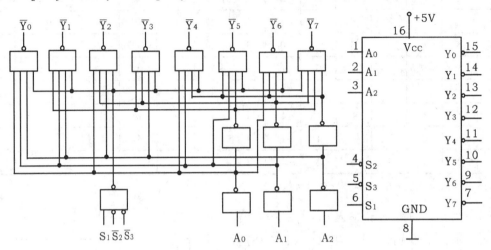

图 3-2-2　3 线 – 8 线译码器 74LS138 逻辑图及引脚功能图

表 3-2-2　74LS138 功能表

输　入					输　出							
S_1	$\bar{S}_2+\bar{S}_3$	A_2	A_1	A_0	$\bar{Y}_0$	$\bar{Y}_1$	$\bar{Y}_2$	$\bar{Y}_3$	$\bar{Y}_4$	$\bar{Y}_5$	$\bar{Y}_6$	$\bar{Y}_7$
1	0	0	0	0	0	1	1	1	1	1	1	1
1	0	0	0	1	1	0	1	1	1	1	1	1
1	0	0	1	0	1	1	0	1	1	1	1	1
1	0	0	1	1	1	1	1	0	1	1	1	1
1	0	1	0	0	1	1	1	1	0	1	1	1
1	0	1	0	1	1	1	1	1	1	0	1	1
1	0	1	1	0	1	1	1	1	1	1	0	1
1	0	1	1	1	1	1	1	1	1	1	1	0
0	$\times$	$\times$	$\times$	$\times$	1	1	1	1	1	1	1	1
$\times$	1	$\times$	$\times$	$\times$	1	1	1	1	1	1	1	1

3）数码显示译码电路（以 BS202 数码管与 CC45111 译码驱动为例）

（1）七段发光二极管 LED 数码管。

LED 数码管 BS202 是常用的数字显示器，图 3-2-3（a）、（b）为共阴管和共阳管的电路，（c）为两种不同出线形式的引出脚功能图。

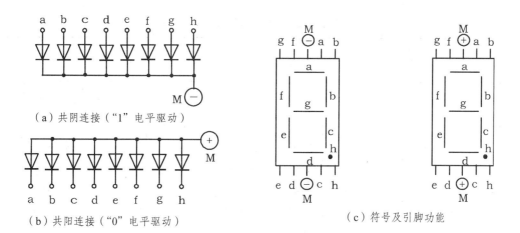

（a）共阴连接（"1"电平驱动）

（b）共阳连接（"0"电平驱动）

（c）符号及引脚功能

图 3-2-3　LED 数码管图

一个 LED 数码管可用来显示一位 0～9 十进制数和一个小数点。小型数码管（0.5 寸和 0.36 寸）每段发光二极管的正向压降，随显示光（通常为红、绿、黄、橙色）的颜色不同略有差别，通常约为 2～2.5 V，每个发光二极管的点亮电流在 5～10 mA。LED 数码管要显示 BCD 码所表示的十进制数字就需要有一个专门的译码器，该译码器不但要完成译码功能，还要有相当的驱动能力。

（2）BCD 码七段译码驱动器。

采用 CC4511BCD 码七段译码驱动器，可驱动共阴极 LED 数码管 BS202。图 3-2-4 为 CC4511 引脚排列。它的基本输入信号是（8421 BCD 码）D、C、B、A，输入高电平有效；基本输出信号有七个 a、b、c、d、e、f、g。输出电平"1"有效，用来驱动共阴极 LED 数码管。三个辅助控制端：$\overline{LT}$ 为测试输入端，$\overline{LT}=0$ 时，译码输出全为"1"，灯全亮；$\overline{BI}$ 为消隐输入端，$\overline{BI}=0$ 时，译码输出全为"0"；LE 为锁定端，$LE=1$ 时译码器处于锁定（保持）状态，译码输出保持在 $LE=0$ 时的数值，$LE=0$ 为正常译码。

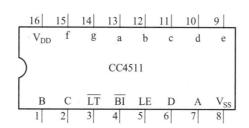

图 3-2-4　CC4511 引脚排列线

表 3-2-3 为 CC4511 功能表。CC4511 内接有上拉电阻，故只需在输出端与数码管笔段之间串入限流电阻即可工作。译码器还有拒伪码功能，当输入码超过 1001 时，输出全为"0"，数码管熄灭。

在 DZ-2 型数字电路实验装置上已完成了译码器 CC4511 和数码管 BS202 之间的连接。实验时，只要接通 +5 V 电源和将十进制数的 BCD 码接至译码器的相应输入端 A、B、C、D，即可显示 0～9 的数字。

表 3-2-3　CC4511 功能表

输入							输出							显示字形
LE	$\overline{BI}$	$\overline{LT}$	D	C	B	A	a	b	c	d	e	f	g	
×	×	0	×	×	×	×	1	1	1	1	1	1	1	8
×	0	1	×	×	×	×	0	0	0	0	0	0	0	消隐
0	1	1	0	0	0	0	1	1	1	1	1	1	0	0
0	1	1	0	0	0	1	0	1	1	0	0	0	0	1
0	1	1	0	0	1	0	1	1	0	1	1	0	1	2
0	1	1	0	0	1	1	1	1	1	1	0	0	1	3
0	1	1	0	1	0	0	0	1	1	0	0	1	1	4
0	1	1	0	1	0	1	1	0	1	1	0	1	1	5
	1	1	0	1	1	0	0	0	1	1	1	1	1	6
0	1	1	0	1	1	1	1	1	1	0	0	0	0	7
0	1	1	1	0	0	0	1	1	1	1	1	1	1	8
0	1	1	1	0	0	1	1	1	1	0	0	1	1	9
0	1	1	1	0	1	0	0	0	0	0	0	0	0	消隐
0	1	1	1	0	1	1	0	0	0	0	0	0	0	消隐
0	1	1	1	1	0	0	0	0	0	0	0	0	0	消隐
0	1	1	1	1	0	1	0	0	0	0	0	0	0	消隐
0	1	1	1	1	1	0	0	0	0	0	0	0	0	消隐
0	1	1	1	1	1	1	0	0	0	0	0	0	0	消隐
1	1	1	×	×	×	×	锁存							锁存

四、实验设备（见表 3-2-4）

表 3-2-4　实验设备

序号	名　称	型号与规格	数量	备注
1	数字电路实验系统	DZ-2	1	
2	8-3 编码集成芯片	74LS148	1	备份 1
3	3-8 译码集成芯片	74LS138	2	备份 1
4	四输入二路与非门集成芯片	74LS20	1	备份 1

五、实验内容与基本步骤

1. 测试 74LS148 编码器的逻辑功能

按图 3-2-5 接线，改变 $K_0 \sim K_8$ 的逻辑电平信号，观察 5 个 LED 输出信号 $\overline{A_2}$、$\overline{A_1}$、$\overline{A_0}$、$\overline{GS}$、$\overline{EO}$，并将实验结果填入实验报告中的表 3-2-1 中。

2. 测试 74LS138 译码器的逻辑功能

按图 3-2-6 所示电路接线，1~6 脚分别接逻辑电平开关，15、14、13、12、11、10、9、7 脚接发光二极管，将 E_3（6 脚）所接逻辑电平开关拨至高电平，（4 脚）、（5 脚）所接逻辑电平开关拨至低电平，译码器得到选通。改变 A、B、C 的逻辑信号，观察 LED 输出 $Y_0 \sim Y_7$。将实验结果填入实验报告中的表 3-2-2 中。

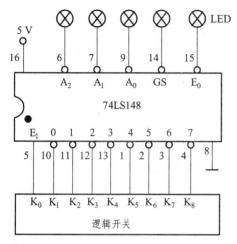

图 3-2-5　编码器 74LS148 实验线路

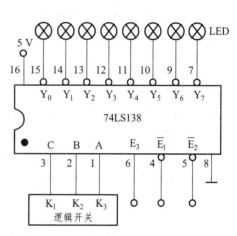

图 3-2-6　译码器 74LS138 实验线路

3. 测试显示译码功能

将实验装置上的四组拨码开关的输出 D_i、C_i、B_i、A_i 分别接至 4 组显示译码/驱动器 CC4511 的对应输入口，接上 +5V 显示器的电源，然后按功能表 3-2-3 输入的要求揿动四个数码的增减键（"+"与"−"键），观测拨码盘上的四位数与 LED 数码管显示的对应数字是否一致，及译码显示是否正常。如 $DCBA = 0110$ 时，显示是否为数字"b"。

4. 用 74LS138 译码器实现某一逻辑功能

用一片 74LS138 译码器和与非门（74LS20）实现逻辑函数 $L = \overline{AC} + AB$，根据表达式完成实验报告中的真值表 3-2-3。参考逻辑电路如图 3-2-7 所示，接线并验证其逻辑功能。（《参考电子技术基础》数字部分第五版，康华光编 P148）

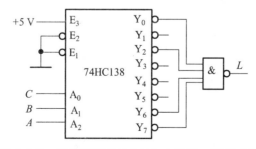

图 3-2-7　用译码器 74LS138 实现某一逻辑功能

实验三 数据选择器、分配器及其应用

一、实验任务

（1）用 74LS151 数据选择器实现二变量的异或逻辑功能；

（2）用 74LS151 数据选择器实现 8 位并行码变串行码的功能；

（3）用 74LS151 数据选择器和 74LS138 译码器实现一个 8 路对 8 路的多路分配器。

二、实验目的与要求

（1）掌握 74LS151 数据选择器各引脚的逻辑功能及使用方法；

（2）会使用 74LS151 数据选择器构成组合三（或二）变量逻辑电路的测试方法；

（3）掌握用 74LS151 数据选择器实现 8 位并行码变串行码的功能；

（4）了解利用 74LS151 与 74LS138 实现多路分配器的基本方法。

三、实验原理和电路

1. 数据选择器

数据选择器又叫"多路开关"。数据选择器在地址码（或叫选择控制）电位的控制下，从几个数据输入中选择一个并将其送到一个公共的输出端，其功能相当于一个单刀多掷开关。如图 3-3-1 所示，图中有四路数据 $D_0 \sim D_3$，通过选择控制信号 A_1、A_0（地址码）从四路数据中选中相对应的某一路数据送至输出端 Q。数据选择器有 2 选 1、4 选 1、8 选 1、16 选 1 等类别。数据选择器的电路结构一般由与或门阵列组成，也有用传输门开关和门电路混合而成的。

1）8 选 1 数据选择器 74LS151

74LS151 为互补输出的 8 选 1 数据选择器，引脚排列如图 3-3-2 所示，选择控制端（地址端）为 $A_2 \sim A_0$，按二进制译码，从 8 个输入数据 $D_0 \sim D_7$ 中选择一个需要的数据送到输出端 Q，$\overline{S}$ 为使能端，低电平有效。功能表如表 3-3-1 所示。利用多片数据选择器可实现多位数据选择，也可实现多字的选择（可 16 选 1）。

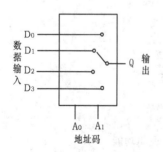

图 3-3-1 4 选 1 数据选择器示意图　　图 3-3-2 8 选 1 数据选择器 74LS151 引脚功能示意图

（1）使能端 $\overline{S}=1$ 时，不论 $A_2 \sim A_0$ 状态如何，均无输出（$Q=0$，$\overline{Q}=1$），多路开关被禁止。

（2）使能端 $\overline{S}=0$ 时，多路开关正常工作，根据地址码 A_2、A_1、A_0 的状态选择 $D_0 \sim D_7$ 中某一个相应的通道的数据输送到输出端 Q。

（3）选择控制端（地址端）为 $A_2 \sim A_0$，按二进制编码分别为 000、001、010、011、100、101、110、111，从 8 个输入数据 $D_0 \sim D_7$ 中，选择一个对应通道的数据送到输出端 Q。如：$A_2A_1A_0=000$，则选择 D_0 数据到输出端，即 $Q=D_0$，$A_2A_1A_0=001$，则选择 D_1 数据到输出端，即 $Q=D_1$。其余类推。

表 3-3-1　74LS151 功能表

输入				输出	
$\overline{S}$	A_2	A_1	A_0	Q	$\overline{Q}$
1	×	×	×	0	1
0	0	0	0	D_0	$\overline{D}_0$
0	0	0	1	D_1	$\overline{D}_1$
0	0	1	0	D_2	$\overline{D}_2$
0	0	1	1	D_3	$\overline{D}_3$
0	1	0	0	D_4	$\overline{D}_4$
0	1	0	1	D_5	$\overline{D}_5$
0	1	1	0	D_6	$\overline{D}_6$
0	1	1	1	D_7	$\overline{D}_7$

2）用数据选择器 74LS151 实现任意三输入变量的组合逻辑函数

数据选择器的用途很多，例如实现逻辑函数、并行码变串行码、多通道传输以及数码比较等。这里仅以逻辑函数产生器为例进行介绍。

根据 8 选 1 数据选择器输出与输入的关系式 $Q=\sum\limits_{i=0}^{7} m_i D_i$，其中 m_i 是地址选择输入端 A_2、A_1、A_0 构成的最小项，数据输入作为控制信号，当 $D_i=1$ 时，其对应的最小项出现，当 $D_i=0$ 时，其对应的最小项不出现。对于三变量逻辑函数，将函数变换成最小项表达式，函数的变量接入地址输入端，就可实验组合逻辑函数。下面以逻辑函数 $Q=A\overline{B}+\overline{A}C+B\overline{C}$ 作为一个实例来研究。

（1）将逻辑函数列出真值表，如表 3-3-2 所示。

表 3-3-2

输入			输出
C	B	A	Q
0	0	0	0
0	0	1	1
0	1	0	1
0	1	1	1
1	0	0	1
1	0	1	1
1	1	0	1
1	1	1	0

（2）由真值表写出与非表达式。

$$Q = A\bar{B} + \bar{A}C + B\bar{C} = A\bar{B}\bar{C} + A\bar{B}C + AB\bar{C} + \bar{A}B\bar{C} + \bar{A}\bar{B}C + \bar{A}BC$$

（2）确定地址输入端与逻辑输入量的对应关系为 $A_2A_1A_0 = CBA$，则数据输入端 $D_0 \sim D_7$ 的值：$D_0 = D_7 = 0$，$D_1 = D_2 = D_3 = D_4 = D_5 = D_6 = 1$。

（4）确定接线关系图，如图 3-3-3 所示。

2. 数据分配器

数据分配器的逻辑功能与数据选择器相反，它根据输入地址代码的不同状态，把输入信号送到指定输出端的组合逻辑电路。4 选 1 数据分配器如图 3-3-4 所示。

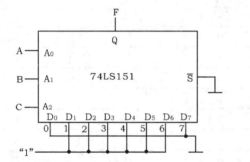
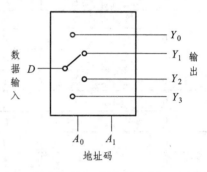

图 3-3-3 8 选 1 数据选择器实现特定逻辑函数的接线图   图 3-3-4 4 选 1 数据分配器示意图

可用译码器集成块充当数据分配器。例如，用 2-4 线译码器充当 4 路数据分配器，3-8 线译码器充当 8 路数据分配器。也就是将译码器的译码输出充当数据分配器输出，而将译码器的使能输入充当数据分配器的数据输入。

通常将数据选择器和数据分配器（译码器）组合起来，实现多路分配器功能，即在一条信号线上传送多路信号。这种分时地传送多路数字信息的方法在数字技术中经常被采用。

四、实验设备（见表 3-3-3）

表 3-3-3 实验设备

序号	名　称	型号与规格	数量	备注
1	数字电路实验系统	DZ-2	1	
2	四路与非门集成芯片	74LS20	1	备份 1
3	3-8 译码集成芯片	74LS138	1	备份 1
4	8 选 1 数据选择器	74LS151	1	备份 1

五、实验内容及步骤

1. 用数据选择器实现二变量的异或逻辑功能

用 8 选 1 数据选择器 74LS151 实现逻辑函数 $F = A\bar{B} + \bar{A}B$ 的功能，真值表为表 3-3-4。

表 3-3-4　逻辑函数 $F = A\bar{B} + \bar{A}B$ 功能表

输　入			输　出
B	A	拨位开关值	Q
0	0	0	0
0	1	1	1
1	0	2	1
1	1	3	0

（1）地址输入端与逻辑输入量的对应关系为 $A_1A_0 = BA$，接逻辑开关 $K_2 \sim K_1$，$A_2 = 0$，接低电平。

（2）数据输入端为 $D_0 \sim D_7$，根据逻辑电路要求，高电平连接到一起，接逻辑开关，开关拨至高电平；低电平连接到一起，接逻辑开关，开关拨至低电平。

（3）S 为选通输入端，低电平有效，直接接地。

（4）输出端 Q 接发光二极管，拨动逻辑开关改变数据输入端的数据为 0，1，2，3，验证逻辑函数的真值表。

2. 用数据选择器实现并行码变串行码

一组 8 位的并行码数据加载到 74LS151 的数据输入端 $D_0 \sim D_7$，选择器地址输入端 $A_2A_1A_0$ 按时钟顺序依次从 000 变到 111，输出端则依次输出 D_0、D_1、D_2、D_3、D_4、D_5、D_6、D_7。如 $D_0 \sim D_7$ 与一个并行 8 位数 01001101 相连时，输出端得到的数据依次为 0—1—0—0—1—1—0—1，即串行数据输出。

（1）按图 3-3-5 连接好数据选择器并行码变串行码的实验电路。其中 C、B、A 为三位地址码，分别接实验台上的一组拨动逻辑开关 $K_3 \sim K_1$ 上，$D_0 \sim D_7$ 为数据输入端，分别接到数据开关的对应位置上，S 为低电平选通输入端。输出 Y 为原码输出端，W 为反码输出端，分别接发光二极管。

（2）置数输入端 $D_0 \sim D_7$ 分别为 10101010 与 11110000 两种状态，拨动逻辑开关分别为 000、001、010、011、100、101、110、111（拨位开关值从 0 到 7），观察输出端 Y 和 W 的输出结果，并将测试结果记入实验报告中的表 3-3-2 中。观察实验结果，检验图 3-3-5 是否实现了并行码到串行码的转换。

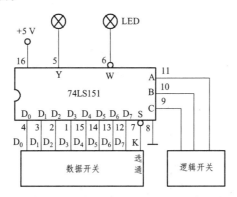

图 3-3-5　8 选 1 数据选择器实现并行码变串行码实验电路

3. 多路分配器

多路分配器是将多路输入信号分时间按一定的顺序在同一条线路上传输，再通过数据选择器分配到不同的输出信号通道上。

（1）按图3-3-6接线。$D_0 \sim D_7$分别接数据开关，代表有8路输入信号；$D_0' \sim D_7'$分别接8个发光二极管，表示8个输出信号通道。数据选择器和数据分配器的地址码一一对应相连（当然可按一定的要求进行变换），并接三位拨位逻辑电平开关。把数据选择器74LS151原码输出端Y与74LS138的G2A和G2B输入端相连，两个芯片的选通分别接图中规定电平。

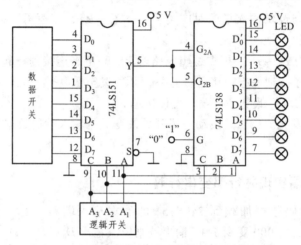

图3-3-6　多路信号的传输（多路分配器）接线图

（2）置$D_0 \sim D_7$为10101010和11110000两种状态，分别置地址码$A_3 \sim A_1$为0～7（即000～111），观察输出发光二极管LED的状态，并将测试结果记入实验报告中的表3-3-3中。

实验四　触发器及其应用

一、实验任务

（1）用 74LS00 连接一个基本 SR 锁存器，并测试其逻辑功能；

（2）对 74LS74 双 D 触发器电路实现复位、置位功能，并验证其逻辑功能；

（3）对 74LS112 双 JK 触发器电路实现复位、置位功能，并验证其逻辑功能；

（4）利用 JK 触发器转换成 T 触发器与 T′触发器，利用 D 触发器转换成 T′触发器，并画出相应的时序图。

二、实验目的与要求

（1）会用 74LS00 连接一个基本 SR 锁存器，并掌握基本 SR 锁存器的逻辑功能；

（2）掌握 74LS74 双 D 触发器芯片的引脚功能，了解其逻辑功能和状态变化特点；

（3）掌握 74LS112 双 JK 触发器芯片的引脚功能，了解其逻辑功能和状态变化特点；

（4）了解不同逻辑功能触发器之间相互转换的方法；

（5）进一步理解触发器的特性表、特性方程与状态图。

三、实验原理

1. 基本概念

锁存器（latch）与触发器（flip-flop，简写 FF）是实现存储功能的两种逻辑单元电路，是构成各种时序电路的存储单元电路，其共同特点是都具有"0"与"1"两种稳定状态，一旦状态被确定，就能自行保持，即长期存储 1 位二进制码，直到有外部信号作用时才有可能改变。过去锁存器和触发器是不加区分的，统一称为触发器，但是两者其实是有差别的。

1）锁存器

锁存器是一种对脉冲电平敏感的存储单元，它可以在时钟脉冲的电平作用下改变状态。数据有效迟后于时钟信号有效，由于速度快，单元电路少，因而在 CPU 中应用多。

2）触发器

触发器是一种对脉冲边沿敏感的存储单元，它只有在作为触发信号的时钟脉冲上升沿或下降沿的变化瞬间才能改变状态。时钟信号有效迟后于数据有效，又称为双稳态触发器。

3）特性表

以触发器的现态和输入信号为变量，以次态为函数，描述它们之间逻辑关系的真值表称为触发器的特性表。

4）特性方程

触发器的逻辑功能用逻辑表达式来描述，称为触发器的特性方程。

5）状态图

状态图用两个圆内标有 1 和 0 的圆圈表示触发器的两个状态；带箭头的方向线表示状态转换的方向，起点为现态，终点为次态；方向线旁标示出状态转换的条件。

2. 基本 SR 锁存器

图 3-4-1 所示为由两个 74LS00 与非门交叉耦合构成的基本 SR 锁存器，它是无时钟控制低电平直接触发的锁存器。基本 SR 锁存器具有置"0"、置"1"和"保持"三种功能。通常称 $\overline{S}$ 为置"1"端，因 $\overline{S}=0$（$\overline{R}=1$）时，锁存器被置"1"；$\overline{R}$ 为置"0"端，因 $\overline{R}=0$（$\overline{S}=1$）时，锁存器被置"0"；当 $\overline{S}=\overline{R}=1$ 时，状态保持；当 $\overline{S}=\overline{R}=0$ 时，锁存器状态不定，应避免此种情况发生。表 3-4-1 为基本 SR 锁存器的功能表。（基本 SR 锁存器也可以用两个"或非门"组成，此时为高电平触发有效。）

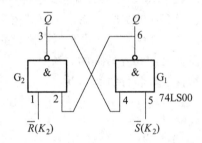

图 3-4-1　由与非门组成的基本锁存器逻辑图

表 3-4-1　SR 锁存器功能表

输 入		输 出	
$\overline{S}$	$\overline{R}$	Q^{n+1}	$\overline{Q}^{n+1}$
0	1	1	0
1	0	0	1
1	1	Q^{n}	$\overline{Q}^{n}$
0	0	1	1

3. D 触发器（延迟触发器）

在输入信号为单端的情况下，D 触发器用起来最为方便。

D 触发器为上升沿触发的边沿触发器，触发器的状态只取决于时钟到来前 D 端的状态。D 触发器的应用很广，可用作数字信号的寄存、移位寄存、分频和波形发生等。有很多种型号可供各种用途的需要而选用，如双 D 74LS74、四 D 74LS175、六 D 74LS174 等。图 3-4-2 所示为双 D 74LS74 的引脚排列及逻辑符号，其逻辑功能如表 3-4-2 所示。

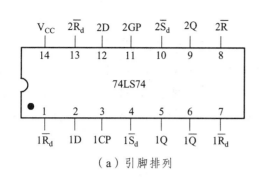
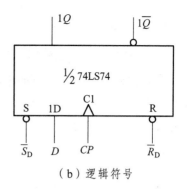

（a）引脚排列 （b）逻辑符号

图 3-4-2　74LS74 双 D 触发器

表 3-4-2　74LS74 功能表

输　　入				输　　出	
$\bar{S}_D$	$\bar{R}_D$	CP	D	Q^{n+1}	$\bar{Q}^{n+1}$
0	1	×	×	1	0
1	0	×	×	0	1
0	0	×	×	φ	φ
1	1	↑	1	1	0
1	1	↑	0	0	1
1	1	↓	×	Q^n	$\bar{Q}^n$

注：φ 表示状态不定。

1）D 触发器的特性表

D 触发器特性表如表 3-4-3 所示，现态 Q^n 和输入信号 D 的每种组合下都列出了相应的次态 Q^{n+1}，在时钟脉冲 CP 的上升沿转换。特性表也是一个输入与输出逻辑关系的真值表。

表 3-4-3　D 触发器特性表

Q^n	D	Q^{n+1}
0	0	0
0	1	1
1	0	0
1	1	1

2）D 触发器的特性方程

由 D 触发器的特性表可得出 D 触发器特性方程如下：

$$Q^{n+1} = D$$

3）D 触发器的状态图

由特性表可画出状态图，如图 3-4-3 所示。

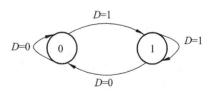

图 3-4-3　D 触发器状态图

4. JK 触发器

JK 触发器是功能完善、使用灵活和通用性较强的一种触发器，常被用作缓冲存储器、移位寄存器和计数器。本实验采用的 74LS112 双 JK 触发器是下降边沿触发的，其引脚排列及逻辑符号如图 3-4-4 所示，其引脚功能如表 3-4-4 所示。其中，J 和 K 是数据输入端。Q 与 $\bar{Q}$ 为两个互补输出端。通常把 $Q=0$、$\bar{Q}=1$ 的状态定为触发器 "0" 状态；而把 $Q=1$，$\bar{Q}=0$ 定为 "1" 状态。

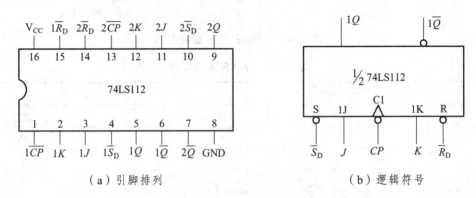

（a）引脚排列　　　　　　　　（b）逻辑符号

图 3-4-4　图 74LS112 双 JK 触发器

表 3-4-4　74LS112 功能表

输　入					输　出	
$\bar{S}_D$	$\bar{R}_D$	CP	J	K	Q^{n+1}	$\bar{Q}^{n+1}$
0	1	×	×	×	1	0
1	0	×	×	×	0	1
0	0	×	×	×	φ	φ
1	1	↓	0	0	Q^n	$\bar{Q}^n$
1	1	↓	1	0	1	0
1	1	↓	0	1	0	1
1	1	↓	1	1	$\bar{Q}^n$	Q^n
1	1	↑	×	×	Q^n	$\bar{Q}^n$

注：×—任意态；↓—高到低电平跳变；↑—低到高电平跳变；$Q^n(\bar{Q}^n)$—现态；$Q^{n+1}(\bar{Q}^{n+1})$—次态；φ—不定态。

1）JK 触发器的特性表

JK 触发器的特性表如表 3-4-5 所示，现态 Q^n 和输入信号 J、K 的每种组合下都列出了相应的次态 Q^{n+1}，在时钟脉冲 CP 的下降沿转换。

表 3-4-5　JK 触发器特性表

Q^n	J	K	Q^{n+1}	Q^n	J	K	Q^{n+1}
0	0	0	0	1	0	0	1
0	0	1	0	1	0	1	0
0	1	0	1	1	1	0	1
0	1	1	1	1	1	1	0

2）JK 触发器的特性方程

$$Q^{n+1} = J\bar{Q}^n + \bar{K}Q^n$$

3）JK 触发器的状态图

由特性表可画出状态图，如图 3-4-5 所示。

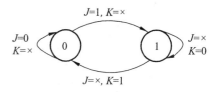

图 3-4-5　JK 触发器的状态图

5. 触发器之间的相互转换

在集成触发器的产品中，每一种触发器都有自己固定的逻辑功能，但可以通过转换的方法获得具有其他功能的触发器。

1）JK 触发器转换为 T 触发器

将 JK 触发器的 J、K 两端连在一起，称它为 T 端，就得到所需的 T 触发器，如图 3-4-6（a）所示，其特性方程为：

$$Q^{n+1} = T\bar{Q}^n + \bar{T}Q^n$$

由特性方程可得出，当 $T=0$ 时，时钟脉冲作用后，其状态保持不变；当 $T=1$ 时，时钟脉冲作用后，触发器状态翻转。

2）JK 触发器转换为 T' 触发器

当 T 触发器的 T 输入端接高电平（即 $T=1$）时，如图 3-4-6（b）所示，称为 T'触发器。其特性方程为：

$$Q^{n+1} = \bar{Q}^n$$

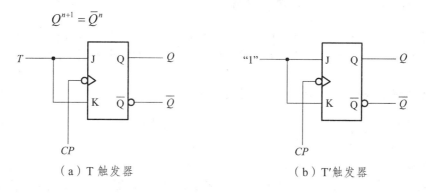

（a）T 触发器　　　　　　　　　　（b）T'触发器

图 3-4-6　JK 触发器转换为 T、T'触发器

T' 触发器的 CP 端每来一个 CP 脉冲信号，触发器的状态就翻转一次，故称之为反转触发器，广泛用于计数电路中。

3）D 触发器转换为 T'触发器，JK 触发器转换为 D 触发器

将 D 触发器的 $\overline{Q}$ 端与 D 端相连，便转换成 T'触发器，如图 3-4-7（a）所示。JK 触发器也可以转换为 D 触发器，如图 3-4-7（b）所示。

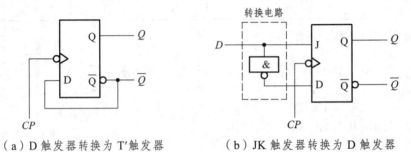

（a）D 触发器转换为 T'触发器　　　　（b）JK 触发器转换为 D 触发器

图 3-4-7　触发器的转换

四、实验设备与器件（见表 3-4-6）

表 3-4-6　实验设备与器件

序号	名　　称	型号与规格	数量	备　注
1	数字电路实验系统	DZX-2	1	
2	四路二输入与非门集成芯片	74LS00	1	备份 1
3	双 JK 触发器集成芯片	74LS112	1	备份 1
4	双 D 触发器集成芯片	74LS74	1	备份 1

五、实验内容与基本步骤

1. 测试基本 SR 锁存器的逻辑功能

按图 3-4-1 所示，用两个 74LS00 与非门组成基本 SR 锁存器，输入端 $\overline{R}$ 、$\overline{S}$ 接逻辑开关，输出端 Q、$\overline{Q}$ 接发光二极管 LED，按实验报告中表 3-4-1 的要求测试并记录。

2. 测试双 D 触发器 74LS74 的逻辑功能

（1）测试 $\overline{R}_D$、$\overline{S}_D$ 的复位、置位功能，测试方法参考实验内容 3 中的（1），将结果记入实验报告中的表 3-4-2 中。

（2）测试 D 触发器的逻辑功能。

按功能实验报告中的表 3-4-3 的要求进行测试，观察触发器状态更新是否发生在 CP 脉冲的上升沿（即由 0→1），并记录。（注意：每次操作前都必须按表格要求设置好初态 Q^n 。）

3. 测试双 JK 触发器 74LS112 的逻辑功能

（1）测试 $\overline{R}_D$、$\overline{S}_D$ 的复位、置位功能。

任选 74LS112 的一个 JK 触发器，$\overline{R}_D$、$\overline{S}_D$、J、K 端接逻辑开关，CP 端接单次脉冲源，Q、$\overline{Q}$ 端接发光二极管。按实验报告中表 3-4-4 所示改变 $\overline{R}_D$、$\overline{S}_D$（J、K、CP 处于任意状态），并在 $\overline{R}_D=0$（$\overline{S}_D=1$）或 $\overline{S}_D=0$（$\overline{R}_D=1$）作用期间任意改变 J、K 及 CP 的状态，观察 Q、$\overline{Q}$ 状态，将结果记入实验报告中的表 3-4-4 中。

（2）测试 JK 触发器的逻辑功能。

按实验报告中表 3-4-5 的要求改变 J、K、CP 端状态，观察 Q、$\overline{Q}$ 状态变化，观察触发器状态更新是否发生在 CP 脉冲的下降沿（即 CP 由 1→0），记录之。（注意：每次操作前都必须按表格要求设置好初态 Q^n。）

4. 触发器之间的相互转换

（1）用 74LS112 构成 T 触发器和 T'触发器。

将 JK 触发器的 J、K 端连在一起，再接逻辑开关，构成 T 触发器和 T'触发器，见图 3-4-6。在 CP 端输入频率为 1 Hz 的脉冲或连续多个单次脉冲，观察 Q、$\overline{Q}$ 端发光二极管 LED 的变化，通过 LED 的变化画出 T 触发器的时序波形图。

（2）用 74LS74 构成 T'触发器。

将 D 触发器的 $\overline{Q}$ 端与 D 端连接在一起，构成 T'触发器，见图 3-4-7（a），在 CP 端输入频率为 1 Hz 的脉冲或连续多个单次脉冲，观察 Q、$\overline{Q}$ 端发光二极管的变化，画出它们 T'触发器的时序波形图。

实验五　计数器及其应用

一、实验任务

（1）利用 JK 触发器设计与实现三位二进制加法计数器；

（2）对 74LS161 电路进行功能测试，并用它设计与实现 N 进制计数器；

（3）中规模集成电路 74LS161 扩展功能测试。

二、实验目的与要求

（1）掌握二进制加法计数器的分析、设计及功能测试方法；

（2）掌握计数器 74LS161 逻辑功能的测试方法；

（3）掌握用 74LS161 设计 N 进制计数器的方法和它的扩展功能。

三、实验原理

1. 时序逻辑电路分析方法

时序逻辑电路在结构上，通常由触发器存储电路和组合逻辑电路两部分组成。其中触发器存储电路是必不可少的。

时序逻辑电路的功能特点：任一时刻的输出信号不仅取决于该时刻的输入信号，还与输入信号作用前电路所处的状态有关。

时序逻辑电路的功能描述方法有：逻辑表达式（激励方程、状态方程、输出方程等）、状态表、状态图、时序图等。按时钟脉冲设置形式的不同，即状态改变方式的不同，时序逻辑电路分为同步时序逻辑电路和异步时序逻辑电路。前者设置统一的时钟脉冲，后者不设置统一的时钟脉冲。

2. 计数器的概念

计数器是数字电路中最重要的一类时序逻辑电路，也是运用最广泛的时序逻辑电路。计数器的应用十分广泛，不仅用来计数，还可用作分频、定时和执行数字运算以及其他特定的逻辑功能等。

计数器种类繁多，可分成二进制计数器和非二进制计数器两大类。在非二进制计数器中，最常用的是十进制计数器，其他的一般称为任意进制计数器。根据计数器的增减趋势不同，计数器可分为加法计数器——随着计数脉冲的输入而递增计数的；减法计数器——随着计数脉冲的输入而递减的；可逆计数器——既可递增，也可递减的。根据计数脉冲引入方式不同，计数器又可分为同步计数器——计数脉冲直接加到所有触发器的时钟脉冲（CP）输入端；异步计数器——计数脉冲不是直接加到所有触发器的时钟脉冲（CP）输入端。

3. 异步二进制加法计数器

异步二进制加法计数器是结构简单的时序逻辑电路。图 3-5-1（a）所示是由 4 个 JK 触发器构成的 4 位二进制（十六进制）异步加法计数器（选用双 JK74LS112）。图 3-5-1（b）和（c）分别为其状态图和波形图。对于所得状态图和波形图可以这样理解：触发器 FF_0（最低位）在每个计数脉冲（CP）的下降沿（1→0）翻转，触发器 FF_1 的 CP 端接 FF_0 的 Q_0 端，因而当 FF_0（Q_0）由 1→0 时，FF_1 翻转。类似地，当 FF_1（Q_1）由 1→0 时，FF_2 翻转，FF_2（Q_2）由 1→0 时，FF_3 翻转。

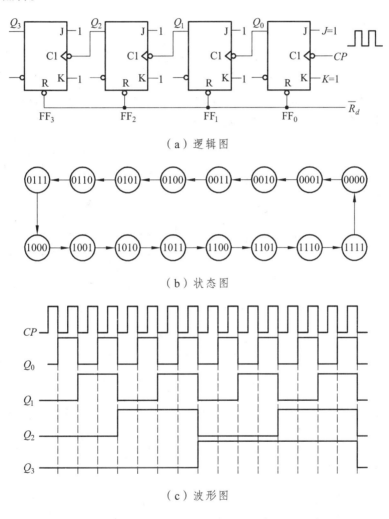

（a）逻辑图

（b）状态图

（c）波形图

图 3-5-1 4 位二进制（十六进制）异步加法计数器

4 位二进制异步加法计数器从其始态 0000 到 1111 共 16 个状态，因此，它是十六进制加法计数器，也称模 16 加法计数器（模 $M=16$）。

同样，用 D 触发器也可以构成 4 位二进制加法计数器，图 3-5-2 所示电路是用 74LS74 构成的 4 位二进制加法计数器的逻辑电路图。

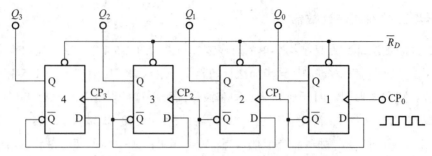

图 3-5-2 用 D 触发器 74LS74 构成的 4 位异步二进制加法计数器

4. 集成计数器

实际工程应用中,一般很少使用小规模的触发器拼接成各种计数器,而是直接选用集成计数器产品。例如 74LS161 是具有异步清零功能的可预置数 4 位二进制同步计数器,74LS193 是带清除双时钟功能的可预置数 4 位二进制同步可逆计数器。图 3-5-3 为 74LS161 惯用逻辑符号和外引脚排列图。表 3-5-1 为 74LS161 的功能表。

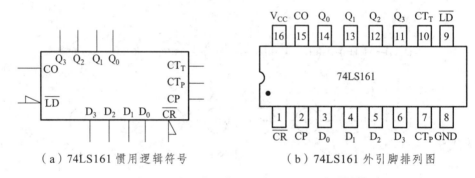

（a）74LS161 惯用逻辑符号 （b）74LS161 外引脚排列图

图 3-5-3 74LS161 可预置数 4 位二进制同步计数器

表 3-5-1 74LS161 的功能表

功能	输入状态									输出状态			
	$\overline{CR}$	$\overline{LD}$	CT_P	CT_T	CP	D_3	D_2	D_1	D_0	Q_3^{n+1}	Q_2^{n+1}	Q_1^{n+1}	Q_0^{n+1}
清零	0	×	×	×	×	×	×	×	×	0	0	0	0
置数	1	0	×	×	↑	d_3	d_2	d_1	d_0	d_3	d_2	d_1	d_0
计数	1	1	1	1	↑	×	×	×	×	计　　数			
保持	1	1	0	×	×	×	×	×	×	保　　持			
	1	1	×	0	×	×	×	×	×				

5. 任意进制计数器

（1）反馈清零法:计数器始终从 0000 开始计数,当计数到所需的进位数时,通过与非门反馈一个零信号给 $\overline{CR}$ 端,使计数器的输出又回到"0000"状态。如用十六进制计数器 74LS161 实现十进制计数,从 0000 开始计数,即 0000→0001→0010→0011→0100→0101→0110→0111→1000→1001→1010（0000）,只有当计数器计数到 $Q_3Q_2Q_1Q_0=1010$ 时,将 Q_3 和 Q_1 通过一个与非门反馈后接到 $\overline{CR}$ 端，使 $\overline{CR}=0$ ，计数器又回到 0000 状态，如图 3-5-4（a）所示。

（2）反馈置数法：就是先给计数器进行置数，使计数器从置数状态开始计数，当计数到所需的进位数时，通过与非门反馈一个零信号给 $\overline{LD}$ 端，使计数器的输出状态回到置数状态。如用十六进制计数器 74LS161 实现十进制计数，先给计数器置数，若 $D_3D_2D_1D_0$ = "0110" 置数后 $Q_3Q_2Q_1Q_0$ = "0110"，计数器就会从 0110 开始计数，即 0110→0111→1000→1001→1010→1011→1100→1101→1110→1111→0110，经过 10 个脉冲后又回到 "0110"，利用当计数到 "1111" 状态时，进位端 CO 为 1 输出，通过反相器接到 $\overline{LD}$ ，使 $\overline{LD}=0$ ，计数器又回到置数 "0110" 状态，从而完成十进制计数器这一功能，如图 3-5-4（b）所示。同样道理，也可以先将计数器置成 0000 状态，从 0000→0001→0010→0011→0100→0101→0110→ 0111→1000→1001→0000，当输出状态为 "1001" 时， Q_0 、 Q_3 端为 "1" 输出，利用与非门接到 $\overline{LD}$ 端，使 $\overline{LD}=0$ ，计数器又回到置数 "0000" 状态，从而完成十进制计数器，如图 3-5-4（c）所示。

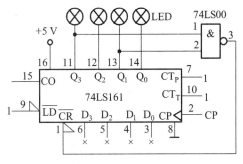

（a）反馈清零法

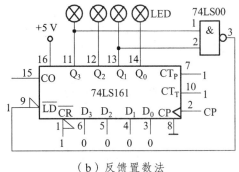

（b）反馈置数法

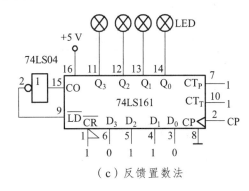

（c）反馈置数法

图 3-5-4　74LS161 构成十进制计数器接线图

四、实验设备（见表 3-5-2）

表 3-5-2　实验设备

序号	名　称	型号与规格	数量	备注
1	数字电路实验系统	DZ-2	1	
2	集成芯片	74LS112	2	备份 1
3	集成芯片	74LS161	2	备份 1
4	集成芯片	74LS00	1	备份 1

五、实验内容与基本步骤

1. 设计三位异步二进制加法计数器

（1）参照图 3-5-1（a）所示电路，用双 JK74LS112 触发器设计三位异步二进制加法计数器，接线验证之。74LS112 引脚功能图如图 3-5-5 所示。输入单次脉冲 CP，用指示灯观察输出 Q_2、Q_1、Q_0 的状态变化，也可将 1 Hz 的连续脉冲接至 CP 输入端（注意，必须先断开与单次脉冲连线，再接连续脉冲输出），用指示灯观察计数器的输出变化是否符合要求。

（2）分析 3 位异步二进制计数器的逻辑功能，画出状态图、时序波形图。

2. 集成计数器 74LS161 的功能验证

74LS161 功能验证接线图如图 3-5-6 所示。16 脚接电源 + 5 V，8 脚接地，D_3、D_2、D_1、D_0 接或逻辑开关电平输出端，CO、Q_3、Q_2、Q_1、Q_0 接 5 只 LED 发光二极管。置数控制端 $\overline{LD}$、清零控制端 $\overline{CR}$ 分别接逻辑开关电平输出端，CT_P、CT_T 分别接逻辑开关电平输出端，CP 接单次脉冲（或 1 Hz 的连续脉冲），按照表 3-5-1 验证 74LS161 的逻辑功能。写出清零、置数、计数、保持的工作条件，观察 CO 什么情况下输出高电平。

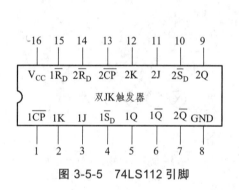

图 3-5-5　74LS112 引脚

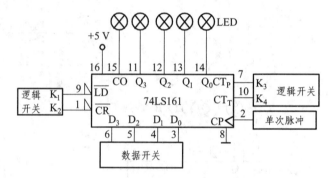

图 3-5-6　74LS161 实验接线图

3. 集成计数器 74LS161 的应用

参照实验原理图 3-5-6 中的任意进制计数器设计方法，分别用反馈清零法实现 8 进制计数和反馈置数法实现 6 进制计数。

要求：（1）画出相应的逻辑电路图。

（2）根据实验结果画出相应的状态图。

※4. 集成计数器 74LS161 功能的扩展

用两片 74LS161 和一片 74LS00 构成 BCD 码 60 进制计数器，要求画出逻辑电路图并接线验证。

实验六　555定时器及其应用

一、实验任务

（1）用555电路构成单稳态触发器电路，测量延时时间，观察记录相关波形图；

（2）用555电路构成的多谐振荡器电路，观察波形图，测量周期与振幅；

（3）用555电路构成施密特触发器电路，观察电路的基本功能，测定回差电压。

二、实验目的与要求

（1）掌握555电路的各引脚功能，了解其内部的工作原理；

（2）会用555电路构成单稳态触发器、多谐振荡器及施密特触发器；

（3）学会计算电容与电阻对延时时间的作用，会测量延时时间、回差电压及输出波形。

三、实验原理

1. 基本概念

1）单稳态触发器

单稳态触发器只有一个稳定状态和一个暂稳态。单稳态触发器在没有外加触发脉冲作用时一直处于稳定状态。在外加触发脉冲的作用下，单稳态触发器可以从一个稳定状态翻转到一个暂稳态，暂稳态是一种不能长久保持的状态。由于电路中 RC 延时环节的作用，电路的暂稳态在维持一段时间后，会自动返回到稳态；暂稳态的持续时间决定于电路中的 RC 参数值。单稳态触发器广泛应用于脉冲的整形、延时和定时。

2）施密特触发器

施密特触发器在电子电路中常用来完成波形变换、幅度鉴别等工作。其特点是：电路的触发方式属于电平触发，对于缓慢变化的信号仍然适用，当输入电压达到某一定值时，输出电压会发生跳变。由于内部的正反馈作用，输出电压波形的边沿很陡直。在输入信号增加和减少时，施密特触发器有不同的阈值电压，正向阈值电压 U_{T+} 和负向阈值电压 U_{T-}，回差电压用 ΔU_T 表示，$\Delta U_T = U_{T+} - U_{T-}$。根据输入相位、输出相位关系的不同，施密特触发器有同相输出和反相输出两种电路形式。

施密特触发器电路是一种波形整形电路，当任何波形的信号进入电路时，输出在正、负饱和之间跳动，产生方波或脉波输出。

3）多谐振荡器

多谐振荡器是利用深度正反馈，通过阻容耦合使两个电子器件交替导通与截止，从而自激产生方波输出的振荡器。多谐振荡器常用作方波发生器，也称矩形波发生器。由于多谐振荡器在工作过程中没有稳定的状态，故又称为无稳态电路。其电路由开关器件和反馈延时环节组成。

4）555 定时器

555 定时器是一种数字与模拟混合型的中规模集成电路，和外加电阻、电容等元件一起可以构成多谐振荡器、单稳态电路、施密特触发器等，应用十分广泛，如单稳态电路可构成定时电路，多谐振荡器可以构成电子门铃电路等。由于内部电压标准使用了三个 5 kΩ 电阻，故取名 555 电路。555 电路的内部电路方框图如图 3-6-1 所示。它含有两个电压比较器，一个基本 RS 触发器，一个放电开关管 T。比较放大器的参考电压由 3 只 5 kΩ 的电阻器构成的分压器提供，它们分别使高电平电压比较器 C_1 的反相输入端和低电平比较器 C_2 的同相输入端的参考电压为 $\frac{2}{3}U_{CC}$ 和 $\frac{1}{3}U_{CC}$。其工作原理是：6 脚和 2 脚的输入电压分别与参考电压为 $\frac{2}{3}U_{CC}$ 和 $\frac{1}{3}U_{CC}$ 进行比较，决定两个比较器 C_1 与 C_2 的输出电压，此电压又控制 RS 触发器的状态，由 RS 触发状态又决定放电管的开关状态，从而决定输出电压的高低。

$\overline{R}_D$ 是复位端（4 脚），当 $\overline{R}_D = 0$ 时，555 输出低电平，平时 $\overline{R}_D$ 端开路或接 U_{CC}。

U_{IC} 是控制电压端（5 脚），当没有外加电压时，输出 $\frac{2}{3}U_{CC}$ 作为比较器 C_1 的参考电平，当 5 脚外接一个输入电压，即改变了两个比较器的参考电压。

一般 5 脚在不外接电压时，通常接一个 0.1 μF 的电容器到地，起滤波作用，以消除外来的干扰，以确保参考电平的稳定。T 为放电管，当 T 导通时，将给接于 7 脚的电容器提供低阻放电通路。功能表如表 3-6-1 所示。

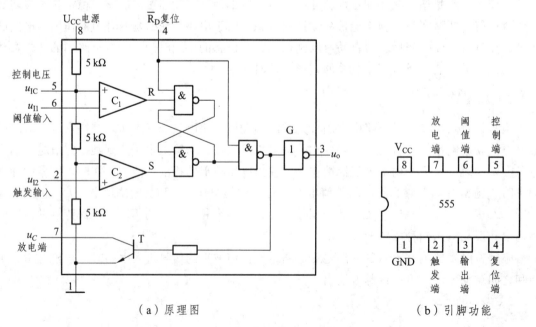

（a）原理图　　　　　　　　　　（b）引脚功能

图 3-6-1　555 定时器内部框图及引脚排列

138

表 3-6-1　555 定时器的功能表

输入					输出	
阈值输入（6）	R	触发输入（2）	S	复位（4）	输出（3）	放电管 T（7）
X	$\times$	$\times$	$\times$	0	0	导通
$<\frac{2}{3}U_{CC}$	1	$<\frac{1}{3}U_{CC}$	0	1	1	截止
$>\frac{2}{3}U_{CC}$	0	$>\frac{1}{3}U_{CC}$	1	1	0	导通
$<\frac{2}{3}U_{CC}$	1	$>\frac{1}{3}U_{CC}$	1	1	不变	不变

2. 555 定时器的典型应用

1）构成单稳态触发器

图 3-6-2（a）为用 555 定时器和外接定时元件 R_W、C 构成的单稳态触发器。稳态时 555 电路输入 2 脚处于高电平状态，内部放电开关管 T 导通，u_o 输出低电平，当外加一个负脉冲的触发信号加到 2 端，使 2 端电位瞬时低于 $\frac{1}{3}U_{CC}$ 时，低电平比较器动作，输出端为高电平状态的暂态过程，此时内部的开关管 T 截止，电容器 C 开始充电，它两端的电压按指数规律增大。当它充电到高于 $\frac{2}{3}U_{CC}$ 时，高电平比较器动作，比较器 C_1 翻转，输出 u_o 从高电平返回低电平零，放电开关管 T 重新导通，暂态结束。电容器 C 上的电荷很快经放电开关管放电，恢复稳态，为下个触发脉冲的来到做好准备。波形图如图 3-6-2（b）所示。

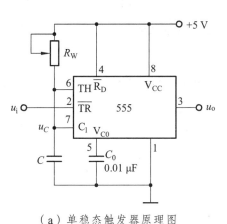

（a）单稳态触发器原理图

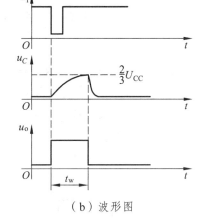

（b）波形图

图 3-6-2　由 555 定时器组成的单稳态触发器

暂稳态的持续时间 $t_w = 1.1RC$ （即为延时时间）决定于外接元件 R、C 值的大小。

通过改变 R、C 的大小，可使延时时间在几微秒到几十分钟之间变化。当这种单稳态电路作为计时器时，可直接驱动小型继电器，并可以使用复位端（4 脚）接地的方法来中止暂态，重新计时。此外尚须用一个续流二极管与继电器线圈并接，以防继电器线圈反电势损坏内部功率管。

2）构成多谐振荡器

如图 3-6-3（a）所示，由 555 定时器和外接元件 R_1、R_2、C 构成多谐振荡器，脚 2 与脚 6 直接相连。电路没有稳态，仅存在两个暂稳态，电路亦不需要外加触发信号，利用电源通过 R_1、R_2 向 C 充电，以及 C 通过 R_2 向放电端 D_{is} 放电，使电路产生振荡。电容 C 在 $\frac{1}{3}U_{CC}$ 和 $\frac{2}{3}U_{CC}$ 之间充电和放电，其波形如图 3-6-3（b）所示。输出信号的时间参数是

$$T = t_{w1} + t_{w2}, \quad t_{w1} = 0.7(R_1 + R_2)C, \quad t_{w2} = 0.7R_2C$$

555 电路要求 R_1 与 R_2 均应大于或等于 1 kΩ，但 $R_1 + R_2$ 应小于或等于 2~3 MΩ。

外部元件的稳定性决定了多谐振荡器的稳定性，555 定时器配以少量的元件即可获得较高精度的振荡频率和具有较强的功率输出能力。因此这种形式的多谐振荡器应用很广。

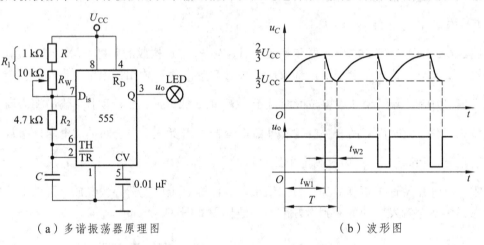

（a）多谐振荡器原理图　　　　　　　　　　（b）波形图

图 3-6-3　由 555 定时器组成的多谐振荡器列

3）组成施密特触发器

如图 3-6-4 所示，只要将 555 定时器的脚 2、6 连在一起作为信号输入端，即可得到施密特触发器。图 3-6-5 示出了 u_s，u_i 和 u_o 的波形图。

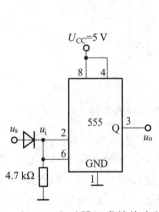

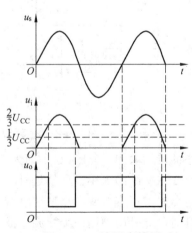

图 3-6-4　由 555 定时器组成的施密特触发器　　　图 3-6-5　波形变换图

设被整形变换的电压为正弦波 u_s，其波形通过二极管 D 得到正半周波形，加到 555 定时器的 2 脚和 6 脚。当 u_i 上升到高于 $\frac{2}{3}U_{CC}$ 时，u_o 从高电平翻转为低电平；当 u_i 下降到低于 $\frac{1}{3}U_{CC}$ 时，u_o 又从低电平翻转为高电平。电路的电压传输特性曲线如图 3-6-6 所示。回差电压 $\Delta U = \frac{2}{3}U_{CC} - \frac{1}{3}U_{CC} = \frac{1}{3}U_{CC}$。

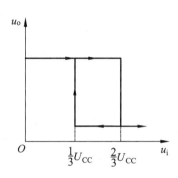

图 3-6-6　电压传输特性

四、实验设备（见表 3-6-2）

表 3-6-2　实验设备

序号	名　　称	型号与规格	数量	备注
1	数字电路实验系统	DZ-2	1	
2	集成芯片	555	1	备份 1
3	数字式双踪示波器	20 MHz	1	
3	电子元器件	电阻、电容、二极管等	1 套	

五、实验内容与基本步骤

1. 单稳态触发器

（1）按图 3-6-2（a）所示电路图连线。取 R_W 为 100 kΩ 的可调电位器，充放电电容 $C = 100\ \mu F$（注意电容的极性），输入信号 u_i 接单次脉冲源，输出 u_o 接发光二极管 LED。

（2）接通电源，输入单次脉冲一次，观察 LED 灯亮的时间。改变 R_W 的值，并观察发光二极管亮灯时间的变化，记录最长的亮灯时间即最大的延时时间，画出波形图（参考图 3-6-2（b）），并标出最大延时时间。

（3）将 R_W 改为 10 kΩ 可调电位器，充放电电容改为 $C = 0.1\ \mu F$，输入端 u_i 改接 1 kHz 的连续脉冲，调节 R_W，用双踪示波器观测 u_s、u_i 和 u_o 的波形并记录之，读出一个周期的稳态和暂稳态时间区间。

2. 多谐振荡器

（1）按图 3-6-3（a）所示电路图接线，$C = 100\ \mu F$（注意电容极性），输出端接发光二极管。

（2）检查后，接通电源使 555 工作。这时可看到 LED 发光管一闪一闪的，调节 R_W 的值，可看到 LED 发光管变化的快慢。

（3）将充放电电容器 C 的容量改为 $C = 0.1\ \mu F$，再调节 R_W，用双踪示波器观测 u_C 与 u_o 的波形变化，记录波形参数（如周期、频率、峰峰值）。

3. 施密特触发器

（1）按图 3-6-4 所示电路图接线，输入信号 u_S 接 1 Hz 的方波信号，输出端接发光二极管，接通电源，555 工作。这时可看到 LED 发光管一闪一闪的，说明电路是好的。

（2）输入信号 u_S 端改接频率为 1 kHz 正弦波，u_i 和 u_o 端分别接双踪示波器。

（3）接通电源，逐渐加大 u_S 的幅度，观察 u_i 和 u_o 的波形，记录波形，测绘电压传输特性，算出回差电压 ΔU。

实验七　D/A 与 A/D 转换电路研究

一、实验任务

（1）用 D/A 转换芯片 DAC0832 连接一个测试电路，用数字电压表验证结果；

（2）用 A/D 转换芯片 ADC0809 连接一个测试电路，对八路输入电压量进行测量。

二、实验目的与要求

（1）了解两种典型的 D/A 和 A/D 转换器的基本工作原理、相关参数与指标；

（2）掌握 D/A 转换器 DAC0832 的基本功能及其典型应用，熟悉各引脚功能；

（3）掌握 A/D 转换器 ADC0809 的基本功能及其典型应用，熟悉各引脚功能。

三、实验原理

模拟信号与数字信号的相互转换在现代控制、通信及检测领域中广泛应用。能把模拟信号转换成数字信号的电路称为模数转换器（简称为 ADC 或 A/D 转换器）；反之，能把数字信号转换成模拟信号的电路称为数模转换器（简称为 DAC 或 D/A 转换器）。ADC 和 DAC 是计算机系统、通信系统、检测系统等不可缺少的组成部分。

D/A 转换器可分为倒 T 形电阻网络 D/A 转换器（如 DAC0832）、T 形电阻网络 D/A 转换器和权电流 D/A 转换器等。

A/D 转换器按工作原理的不同可分为直接 A/D 转换器和间接 A/D 转换器两种。直接 A/D 转换器将模拟信号转换为数字信号，典型电路有并行比较型 A/D 转换器、逐次比较型 A/D 转换器。间接 A/D 转换器则是先将模拟信号转换成某一中间量（时间或频率），再将中间量转换为数字量输出，典型电路有双积分型 A/D 转换器、电压频率型 A/D 转换器。

其中转换精度与转换速度是两个重要的技术指标。目前，有相当多的专用集成电路可供设计中选择。

1. 8 位电流输出型数模转换芯片 DAC0832

1）DAC0832 的逻辑框图及引脚排列

DAC0832 是采用 CMOS 工艺制成的单片电流输出型 8 位数/模转换器。图 3-7-1 所示是 DAC0832 的逻辑框图及引脚排列。集成电路内有两级输入寄存器，使 DAC0832 芯片具备双缓冲、单缓冲和直通三种输入方式，以便适于各种电路的需要（如要求多路 D/A 异步输入、同步转换等）。D/A 转换结果采用电流形式输出。若需要相应的模拟电压信号，可通过一个高输入阻抗的线性运算放大器实现。运放的反馈电阻可通过 R_{FB} 端引用片内固有电阻，也可外接。DAC0832 逻辑输入满足 TTL 电平，可直接与 TTL 电路或微机电路连接。

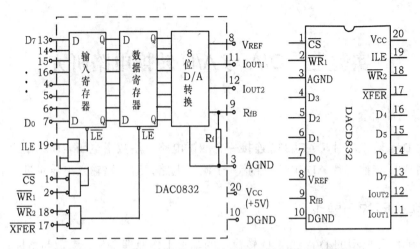

图 3-7-1　DAC0832 单片 D/A 转换器逻辑框图和引脚排列

DAC0832 的引脚功能说明如下。

$D_0 \sim D_7$ 为数字信号输入端，采用 TTL 电平。

ILE 为数据锁存允许控制信号输入线，高电平有效。

$\overline{CS}$ 为片选信号输入线，低电平有效。

$\overline{WR_1}$ 为输入寄存器的写选通信号，低电平有效。

$\overline{WR_2}$ 为数据寄存器写选通输入线，低电平有效。

$\overline{XFER}$ 为数据传送控制信号输入线，低电平有效。

I_{OUT1} 为电流输出线 1，当输入全为 1 时 I_{OUT1} 最大。

I_{OUT2} 为电流输出线 2，其值与 I_{OUT1} 之和为一常数。

R_{fB} 为反馈信号输入线，芯片内部有反馈电阻，片内的反馈电阻接在该脚与模拟地之间。

V_{REF} 为基准电压（ –10 ~ +10 V ），V_{CC} 为电源电压（ +5 ~ +15 V ）。

A_{GND} 是摸拟信号和基准电源的参考地，N_{GND} 是数字地，两种地线在基准电源处共地比较好。

2）倒 T 形电阻网络 D/A 转换器原理

DAC0832 器件的核心部分采用倒 T 形电阻网络的 8 位 D/A 转换器，如图 3-7-2 所示。它是由倒 T 形 R-$2R$ 电阻网络、模拟开关、运算放大器和参考电压 U_{REF} 四部分组成求和电路。

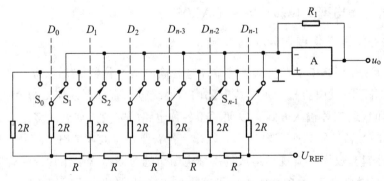

图 3-7-2　倒 T 型电阻网络 D / A 转换电路

模拟开关 S_i 由输入数码 D_i 控制。当 $D_i = 0$ 时，S_i 接地；当 $D_i = 1$ 时，S_i 接运算放大器反相端。工作于线性运用状态的运放，其反相端虚地，这样，无论模拟开关 S_i 置于何种位置，与 S_i 相连的电阻 $2R$ 从效果上看总是接"地"的，流经每条 $2R$ 电阻支路上的电流与开关状态无关。

分析 R-$2R$ 电阻网络可以发现，每个节点向左看，每个二端网络的等效电阻均为 R，与开关相连的 $2R$ 电阻上的电流从高位到低位按 2 的负整数幂递减。如果基准电压源提供的总电流为 $I = \dfrac{U_{REF}}{R}$，则流过各开关支路（从右到左）的电流分别为 $\dfrac{I}{2}$，$\dfrac{I}{8}$，$\cdots$，$\dfrac{I}{2^n}$。

于是，可得流入运放反相输入端的总电流为

$$I_{\Sigma} = \frac{U_{REF}}{2^n R}(D_{n-1} \cdot 2^{n-1} + D_{n-2} \cdot 2^{n-2} + \cdots + D_0 \cdot 2^0)$$

输出电压为

$$U_o = -\frac{U_{REF} \cdot R_f}{2^n R}(D_{n-1} \cdot 2^{n-1} + D_{n-2} \cdot 2^{n-2} + \cdots + D_0 \cdot 2^0)$$

从上面的表达式可见，输出电压 U_o 与输入的数字量成比例变化，这就实现了从数字量到模拟量的转换。一个 8 位的 D/A 转换器，它有 8 个输入端，每个输入端是 8 位二进制数的一位，有一个模拟输出端，输入可有 $2^8 = 256$ 个不同的二进制组态，输出为 256 个电压之一，即输出电压不是整个电压范围内任意值，而只能是 256 个可能值。

3）DAC0832 主要参数

（1）分辨率。

分辨率是指 D/A 转换器对输入微小量变化的敏感程度的表征。其定义为转换器模拟输出电压可能被分离的等级数。例如 8 位 DAC 的分辨率为 1/255 = 0.39%。显然，位数越多，分辨率越高。实际应用中，用输入数字量的位数表示转换器的分辨率。

DAC0832 的分辨率为 1/255 = 0.39% 或称分辨率是 8 位。

（2）转换精度。

如果不考虑 D/A 转换的误差，DAC 转换精度就是分辨率的大小。DAC 的转换误差包括零点误差、漂移误差、增益误差、噪声和线性误差、微分线性误差等综合误差。因此，将这些误差的最大值定义为转换精度（绝对转换精度）。而实际应用时用相对转换精度表示。

DAC0832 的相对转换精度为 $\pm 1/2$LSB，即 $\pm 1/2 \times 1/2^n = \pm 1/2^{n+1} = 0.2\%$。（LSL 称为最低位，$n = 8$）

（3）转换速度。

当 D/A 转换器输入的数字量发生变化时，输出的模拟量并不能立即达到所对应的量值，它要延迟一段时间。DAC0832 的转换时间为 1 μs。

2. 单片 8 位 8 通道逐次渐近型模/数转换器芯片 ADC0809

1）转换原理

逐次比较型 A/D 转换器，是将输入模拟信号与不同的参考电压（由数字量转换而来的）做多次的比较，使转换所得的数字量在数值上逐次逼近输入的模拟量。

2）DAC0832 的逻辑框图及引脚排列

ADC0809 是采用 CMOS 工艺制成的单片 8 位 8 通道逐次渐近型模/数转换器，其逻辑框图及引脚排列如图 3-7-3 所示。器件的核心部分是 8 位 A/D 转换器，它由比较器、逐次渐近寄存器、D/A 转换器及控制和定时 5 部分组成。

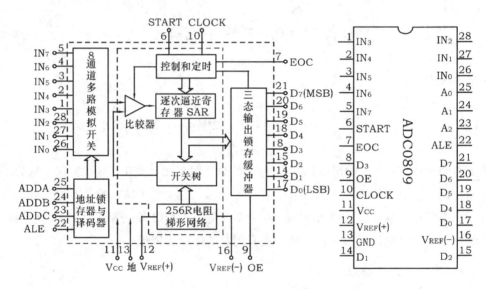

图 3-7-3 ADC0809 转换器逻辑框图及引脚排列

ADC0809 的引脚功能说明如下：

$IN_0 \sim IN_7$ 为 8 路模拟信号输入端。

A_2、A_1、A_0 为地址输入端。

ALE 为地址锁存允许输入信号，在此脚施加正脉冲，上升沿有效，此时锁存地址码，从而选通相应的模拟信号通道，以便进行 A/D 转换。

START 为启动信号输入端，应在此脚施加正脉冲，当上升沿到达时，内部逐次逼近寄存器复位，在下降沿到达后，开始 A/D 转换过程。

EOC 为转换结束输出信号（转换结束标志），高电平有效。

OE 为输入允许信号，高电平有效。

CLOCK（CP）为时钟信号输入端，外接时钟频率一般为 640 kHz。

V_{CC} 为 + 5 V 单电源供电。

$V_{REF(+)}$、$V_{REF(-)}$ 为基准电压的正极、负极。一般 $V_{REF(+)}$ 接 + 5 V 电源，$V_{REF(-)}$ 接地。

$D_7 \sim D_0$ 为数字信号输出端。

3）模拟量输入通道选择

8路模拟开关由 A_2、A_1、A_0 三地址输入端选通 8 路模拟信号中的任何一路进行 A/D 转换，地址译码与模拟输入通道的选通关系如表 3-7-1 所示。

表 3-7-1　模拟量输入通道选择与地址码的关系

地　址	被选模拟通道道							
	IN_0	IN_1	IN_2	IN_3	IN_4	IN_5	IN_6	IN_7
A_2	0	0	0	0	1	1	1	1
A_1	0	0	1	1	0	0	1	1
A_0	0	1	0	1	0	1	0	1

4）D/A 转换过程

在启动端（START）加启动脉冲（正脉冲），D/A 转换即开始。如将启动端（START）与转换结束端（EOC）直接相连，转换将是连续的。在用这种转换方式时，开始应在外部加启动脉冲。

四、实验设备（见表 3-7-2）

表 3-7-2　实验设备

序号	名　　称	型号与规格	数量	备注
1	数字电路实验系统	DZ-2	1	
2	直流数字电压表	0-15V	1	DZ-2 仪表
3	数模转换芯片	DAC0832	1	备份1
4	运算放大器	μA741	1	备份1
	模数转换芯片	ADC0809	1	备份1

五、实验内容与基本步骤

1. 测试 D/A（数/模）转换器 DAC0832 的功能

（1）DAC0832 输出的是电流，要转换为电压，还必须经过一个外接的运算放大器，实验接线图如图 3-7-4 所示，电路接成直通方式，即 $\overline{CS}$、$\overline{WR_1}$、$\overline{WR_2}$、$\overline{XFER}$ 接地；ILE、V_{CC}、V_{REF} 接 + 5 V 电源；运放电源接 ± 12 V；$D_0 \sim D_7$ 接逻辑开关电平的输出插口，输出端 u_o 接直流数字电压表。

（2）调零，令 $D_0 \sim D_7$ 全置零，调节运放的电位器使 μA741 输出为零。

（3）按实验报告中的表 3-7-1 所列输入数字信号，用直流电压表测量运放的输出电压 U_o，将测量结果填入实验报告中的表 3-7-1 中，并与理论值进行比较。

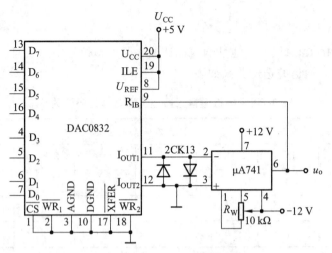

图 3-7-4 D/A 转换器实验线路

2. A/D（模/数）转换器 ADC0809

实验接线图如图 3-7-5 所示，8 路输入模拟信号 1～4.5 V，由 + 5 V 电源经 10 个电阻 R 分压组成；变换结果 $D_0 \sim D_7$ 接逻辑开关电平显示器输入插口（接指示灯；也可接到数码显示的输入端，低 4 位和高 4 位各接一个显示数码管），CP 时钟脉冲由计数脉冲源提供，取 $f = 30\ \text{kHz}$；$A_2 \sim A_0$ 地址端接逻辑开关电平输出插口。接通电源后，在启动端（START）加一正单次脉冲，下降沿一到即开始 A/D 转换。按实验报告中表 3-7-2 的要求观察测量，记录 8 路模拟信号 $\text{IN}_0 \sim \text{IN}_7$ 的值及其转换结果，并将转换结果通过换算公式换算成十进制数表示的电压值，并与数字电压表实测的各路输入电压值进行比较，分析误差原因。

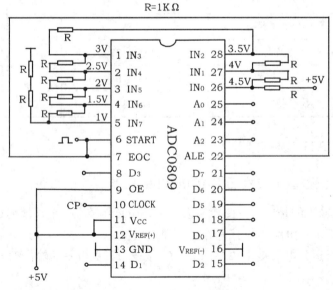

图 3-7-5 ADC0809 实验线路

148

第四章　高频电子线路实验

实验一　谐振回路放大器研究

一、实验任务

（1）单调谐回路放大器静态工作点的测量和计算；

（2）用点测法测量单调谐、双调谐放大器的幅频特性；

（3）观察放大器静态工作点和集电极负载对单调谐放大器幅频特性的影响；

（4）用示波器观察耦合电容对双调谐放大器幅频特性的影响。

完成任务：（1）的满分为 30 分，（1）+（2）的满分为 60 分，（1）+（2）+（3）的满分为 90 分，（1）+（2）+（3）+（4）的满分 100 分。

二、实验目的与要求

（1）理解单调谐、双调谐回路谐振放大器的基本工作原理；

（2）掌握放大器静态工作点的测量方法；

（3）掌握静态工作点和集电极负载对单调谐放大器幅频特性的影响；

（4）掌握耦合电容对双调谐回路放大器幅频特性的影响；

（5）了解放大器动态范围的概念和测量方法。

三、实验原理

1. 基本概念

1）放大器静态工作点的概念和计算

静态指的是当放大电路没有输入信号时的工作状态，此时 U_{CC}、R_B、R_C 和晶体管不变，电路中各参数都是不变的。而静态工作点又称为直流工作点，简称 Q 点。主要是基极电流 I_B，集电极电流 I_C，集电极与发射极间的直流电压 U_{CE} 之间的计算过程。

$$I_B = \frac{U_{CC} - U_{BE}}{R_B}$$

通常三极管导通时，U_{BE} 的变化很小，视为常数，一般认为硅管为 0.7 V，锗管为 0.2 V。

$$I_C = \beta I_B$$
$$U_{CE} = U_{CC} - I_C R_C$$

2）谐振回路

谐振回路是高频电路里最常用的无源网络，包括并联回路和串联回路两种结构类型。通常由电阻 R、电感 L 和电容 C 元件组成谐振电路，一般电路两端的电压与其中电流相位是不同的。如果调节电路元件（L 或 C）的参数或电源频率，可以使它们相位相同，整个电路呈现为纯电阻性。

3）幅频特性的概念

放大器中，电压放大倍数的大小和频率之间的关系，称为幅频特性。

4）单调谐回路谐振放大器

单调谐回路谐振放大器电路如图 4-1-1 所示，小信号谐振放大器是通信接收单元的前端电路，主要用于高频小信号或微弱信号的线性放大和选频。图中 R_{b1}、R_{b2}、R_e 用以保证晶体管工作于放大区域，并工作于甲类。C_e 是 R_e 的旁路电容，C_b、C_c 是输入、输出耦合电容，L 和 C 组成谐振回路，R_c 是集电极（交流）电阻，它决定了回路 Q 值、带宽 BW。为了减轻晶体管集电极电阻对回路 Q 值的影响，采用了部分回路接入方式。

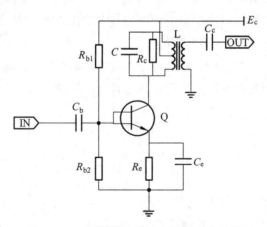

图 4-1-1　单调谐回路放大器原理电路图

5）双调谐回路谐振放大器

双调谐回路是指有两个调谐回路：一个靠近"信源"端（如图中晶体管输出端），称为初级；另一个靠近"负载"端（即下级输入端），称为次级。两者之间可采用互感耦合或电容耦合。与单调谐回路相比，双调谐回路的矩形系数较小，因此它的谐振特性曲线更接近于矩形。电容耦合双调谐回路谐振放大器原理图如图 4-1-2 所示。

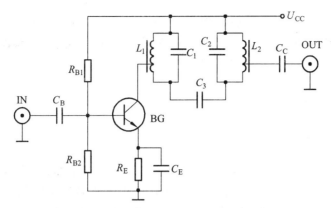

图 4-1-2 电容耦合双调谐回路放大器原理电路

图 4-1-1 和图 4-1-2 相比，两者都采用了分压偏置电路，放大器均工作于甲类；图 4-1-2 中有两个谐振回路：L_1、C_1 组成了初级回路，L_2、C_2 组成了次级回路；两者之间并无互感耦合，而是由电容 C_3 进行耦合，故称为电容耦合。

6）放大器动态范围

放大器输入信号幅度过大，就会使晶体管截止或饱和。晶体管截止或饱和时，正弦波输出电压的波头就会被削平，发生削波失真。刚发生削波失真时放大器输出电压的幅度就是不失真动态范围，也叫做输出范围，或叫最大不失真电压幅度，是放大器的一个极限指标。

2. 实验电路原理

1）单调谐回路谐振放大器实验电路

单调谐回路谐振放大器实验电路如图 4-1-3 所示。其基本部分与图 4-1-1 相同。图中，1VC01 用来调谐，1K01 用以改变集电极电阻，以观察集电极负载变化对谐振回路（包括电压增益 A_V、

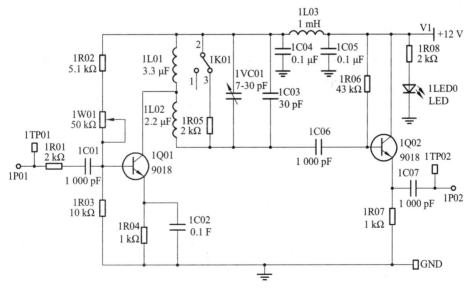

图 4-1-3 单调谐回路谐振放大器实验电路图

带宽 BW、回路 Q 值）的影响。1W01 用以改变基极偏置电压，以观察放大器静态工作点变化对谐振回路（包括电压增益 A_V、带宽 BW、Q 值）的影响。1Q02 为射极跟随器，主要用于提高带负载能力。其中电压增益为谐振时输出电压 U_o 与输入电压 U_i 的比值，即：

$$A_V = \frac{U_o}{U_i}$$

2）双调谐回路谐振放大器实验电路

双调谐回路谐振放大器实验电路如图 4-1-4 所示，其基本部分与图 4-1-2 相同。图中，2VC01、2VC02 用来对初、次级回路调谐，2K01 用以改变耦合电容数值，以改变耦合程度。2W01 用来改变 2Q01 的基极偏置电压，2ANT01 接天线构成系统接收发射端信号，2Q02 用来对双调谐选出的信号进一步放大。

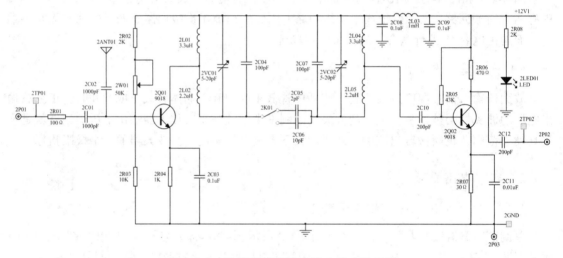

图 4-1-4　双调谐同路谐振放大器实验电路

3. 幅频特性测量方法

测量幅频特性通常有两种方法，即扫频法和点测法。扫频法简单直观，可直接观察到单调谐放大特性曲线，但需要扫频仪。本实验采用点测法，即保持输入信号幅度不变，改变输入信号的频率，测出与频率相对应的调谐回路谐振放大器的输出电压幅度，然后画出频率与幅度的关系曲线，该曲线即为调谐回路谐振放大器的幅频特性。

四、实验设备（见表 4-1-1）

表 4-1-1　实验设备

序号	名　称	型号与规格	数量	备注
1	60 MHz 双踪示波器	ADS7062SN	1	
2	频率计	AT-F1000-C	1	
3	万用表		1	

序号	名　称	型号与规格	数量	备注
4	DDS 信号源		1	
5	单调谐回路谐振放大器模块		1	
6	双调谐回路谐振放大器模块		1	
7	高频实验箱	TLS-G205	1	

五、实验内容与基本步骤

1. 单调谐回路

1）实验模块上电

将单调谐回路谐振放大器模块插在高频实验箱的大底板上，接通实验箱上电源开关，接通模块电源开关。

2）静态工作点的测量

1K01 置"off"位，断开集电极电阻 1R05，调整 1W01，使 1Q01 的基极到地的直流电压为 2.5 V 左右，这样放大器处于放大状态，用万用表的欧姆档测量此时的 R_B 和 R_C。根据实验电路得知 $V_{CC} = 12$ V，测量单调谐放大器回路中晶体管各点（对地）电压，β 取 50，计算静态工作点。

3）单调谐回路谐振放大器幅频特性测量

本实验采用点测法测量幅频特性，步骤如下：

（1）在上述情况下将 DDS 信号源输出连接到单调谐放大器模块的输入端（1P01）。示波器 CH$_1$ 接放大器的输入端 1TP01，示波器 CH$_2$ 接单调谐放大器的输出端 1TP02，调整 DDS 信号源频率为 8.2 MHz（用频率计测量），DDS 信号源输出幅度（峰—峰值）为 300 mV 的正弦波（示波器 CH$_1$ 监测）。调整单调谐放大器的电容 1VC01，使放大器的输出为最大值（示波器 CH$_2$ 监测）。此时回路谐振于 8.2 MHz。比较此时输入输出幅度大小，并算出电压增益 A_{vo}。

（2）按照实验报告中表 4-1-1 所示逐步改变 DDS 信号源的频率（用频率计测量），保持 DDS 信号源输出幅度为 300 mV（示波器 CH$_1$ 监视），从示波器 CH$_2$ 上读出与频率相对应的单调谐放大器的电压幅值，并把数据填入表 4-1-1 第二行内。

（3）以频率为横轴、电压幅值为纵轴，按照实验报告中表 4-1-1 中的数据，用坐标纸画出单调谐放大器的幅频特性曲线。

4）观察静态工作点对单调谐放大器幅频特性的影响

顺时针调整 1W01（此时 1W01 阻值增大），使 1Q01 基极直流电压（基极到地之间的电压）为 1.5 V，从而改变静态工作点，按照上述幅频特性的测量方法，将实验数据填入实验报告中的表 4-1-1 第一行内，画出幅频特性曲线。

逆时针调整 1W01（此时 1W01 阻值减小），使 1Q01 基极直流电压为 5 V，将实验数据填入实验报告中的表 4-1-1 第三行内，画出幅频特性曲线。根据三个幅频特性图，总结静态工作点对单调谐放大器的影响。

5）观察集电极负载对单调谐放大器幅频特性的影响

当放大器工作于放大状态下时，按照上述幅频特性的测量方法，测出接通与不接通 1R05 的幅频特性曲线。将实验数据填入实验报告中的表 4-1-2 第一行和第二行内，画出幅频特性曲线。根据两个幅频特性图，总结集电极负载对单调谐放大器的影响。

2. 双调谐回路

1）模块上电

在实验箱主板上插上双调谐回路谐振放大器模块，接通实验箱和模块的电源开关。

2）双调谐回路谐振放大器幅频特性测量

采用点测法测量双调谐回路放大器的幅频特性，步骤如下：

（1）2K01 往左拨，接通 2C05。DDS 信号源输出频率为 8.2 MHz、幅度为 500 mV 的正弦波。然后用导线接入双调谐放大器的输入端（2P01）。示波器 CH_1 接 2TP01，示波器 CH_2 接放大器的输出（2TP02）端。

（2）按照表 4-1-4 改变 DDS 信号源的频率（用频率计测量），保持 DDS 信号源输出幅度峰—峰值为 500 mV（示波器 CH_1 监视），从示波器 CH_2 上读出与频率相对应的双调谐放大器的幅度值，并把数据填入实验报告中的表 4-1-3 第一行。画出幅频特性曲线。

（3）按照上述方法将 2K01 拨向右方，接通 2C06，测出实验数据填入实验报告中表 4-1-3 第二行。

（4）以频率为横轴、电压幅度为纵轴，按照实验报告中的表 4-1-3 中数据画出双调谐放大器的耦合电容不同时的两条幅频特性曲线。分析耦合电容对双调谐放大器幅频特性曲线的影响。

3）放大器动态范围测量

（1）2K01 拨向右方，接通 2C06 时。将 DDS 信号源输出端接双调谐放大器的输入端（2P01），调整 DDS 信号源频率为 8.2 MHz、幅度为 500 mV，送入放大器输入端，示波器 CH_1 接 2TP01，示波器 CH_2 接双调谐放大器的输出端（2TP02）。

（2）按照实验报告中的表 4-1-4 中放大器的输入幅度，改变 DDS 信号源的输出幅度（由 CH_1 监测）。从示波器 CH_2 读取放大器输出幅度值，并把数据填入实验报告中的表 4-1-4，计算放大器电压增益 A_{vo}。

六、实验注意事项

（1）在实验中，可适当加大输入信号幅度，以便观测数据。

（2）调节元器件时要十分小心，以免损坏器件。

实验二　频率调制与合成实验研究

一、实验任务

（1）无调制信号情况下观测调频器输出波形，并测量其频率；

（2）测量锁相环的同步带和捕捉带；

（3）观测调制信号为正弦波时的调频方波；

（4）观测调制信号为方波时的调频方波。

完成任务：（1）的满分为 30 分，（1）＋（2）的满分为 60 分，（1）＋（2）＋（3）的满分为 90 分，（1）＋（2）＋（3）＋（4）的满分 100 分。

二、实验目的与要求

（1）掌握 4046 锁相环集成电路芯片的组成和应用；

（2）加深锁相环基本工作原理的理解；

（3）掌握用 4046 集成电路实现频率调制的原理和方法；

（4）了解调频方波的基本概念。

三、实验原理

1. 基本概念

1）频率调制

频率调制是一种以载波的瞬时频率变化来表示信息变化的调制方式，通过利用载波的不同频率来表达不同的信息。

2）4046 锁相环芯片简介

4046 集成锁相环芯片是由 CMOS 电路构成的多功能单片集成锁相环，具有功耗低、输入阻抗高、电源电压范围宽等优点。电源电压为 5 ~ 15 V，输出驱动电流大于 2.6 mV。其功能框图如图 4-2-1 所示。外引线排列管脚功能简要介绍如表 4-2-1 所示。

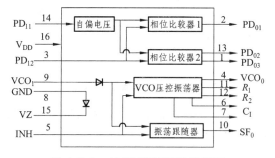

图 4-2-1　4046 锁相环逻辑框图

表 4-2-1　4046 引脚功能说明

引脚名称	特性（引脚）	说　明
PD_{01}	输出（2）	相位比较器 1 输出的相位差信号，它采用异或门结构，即鉴相特征 $PD_{01} = PD_{11} + PD_{12}$。
PD_{02}	输出（13）	相位比较器输出的三种状态相位差信号，它采用 PD_{11}、PD_{12} 上升沿控制逻辑。
PD_{03}	输出（1）	相位比较器 2 输出的相位差信号，为上升沿控制逻辑。
VCO_0	输出（4）	压控振荡器的输出信号。
VCO_1	输入（9）	压控振荡器的输入信号。
INH	输入（5）	控制信号输入，若 INH 为低电平，则允许 VCO 工作和源极跟随器输出；若 INH 为高电平，则相反，电路将处于功耗状态。
C_I	引脚（6，7）	之间接 1 个电容，以控制 VCO 的振荡频率。
SF_0	输出（10）	源极跟随器输出。
R_1，R_2	输出（11，12）	外接电阻至地，分别控制 VCO 的最高和最低振荡频率。
PD_{11}	输入（14）	相位比较器输入信号，PD_{11} 输入允许将 0.1 V 左右的小信号或者方波信号在内部放大并再经过整形电路后，输出至相位比较器。
PD_{12}	输入（3）	比较相位器输入信号，通常 PD 为来自 VCO 的参考信号
VZ	电源入（15）	内部独立的齐纳稳压二极管负极，其稳压值 $U = 5 \sim 8\ V$，与 TTL 电路匹配，可以用来作为辅助电源用。
GND	电源入（8）	接地。
V_{DD}	电源入（16）	正电源，通常选 + 5 V 或 + 10 V，+ 15 V。

3）锁相环的基本组成

图 4-2-2 为锁相环的基本组成方框图，它主要由鉴相器（PD）、环路滤波器（LF）和压控振荡器（VCO）组成。

（1）压控振荡器（VCO）：VCO 是本控制系统的控制对象，被控参数通常是其振荡频率，控制信号为加在 VCO 上的电压。所谓压控振荡器就是振荡频率受输入电压控制的振荡器。

图 4-2-2　基本锁相环组成框图

（2）鉴相器（PD）：PD 是一个相位比较器，用来检测输出信号 $u_o(t)$ 与输入信号 $u_i(t)$ 之间的相位差 $\theta(t)$，并把 $\theta(t)$ 转化为电压 $u_D(t)$ 输出，$u_D(t)$ 称为误差电压，通常 $u_D(t)$ 为一直流分量或一低频交流分量。

（3）环路滤波器(LF)：LF 作为一低通滤波器电路，其作用是滤除因 PD 的非线性而在 $u_D(t)$ 中产生的无用组合频率分量及干扰，产生一个只反映 $\theta(t)$ 大小的控制信号 $u_c(t)$。

4046 锁相环芯片包含鉴相器（相位比较器）和压控振荡器两部分，而环路滤波器由外接阻容元件构成。

4）锁相环锁相原理

锁相环是一种以消除频率误差为目的的反馈控制电路，其原理是利用相位误差电压去消除频率误差。按照反馈控制原理，如果由于某种原因使 VCO 的频率发生变化使得其与输入频率不相等，这必将使 $u_o(t)$ 与 $u_i(t)$ 的相位差 $\theta(t)$ 发生变化，该相位差经过 PD 转换成误差电压 $u_D(t)$。此误差电压经过 LF 滤波后得到 $u_c(t)$，由 $u_c(t)$ 去改变 VCO 的振荡频率，使其趋近于输入信号的频率，最后达到相等。这种状态就称为锁定状态。当然由于控制信号 $u_D(t)$ 正比于相位差 $\theta(t)$，即使在锁定状态，$\theta(t)$ 也不可能为零，即 $u_o(t)$ 与 $u_i(t)$ 仍存在相位差。但是即使剩余误差存在，频率误差也还是可以降低到零，因此环路锁定时，压控振荡器输出频率 f_o 与外加基准频率（输入信号频率）f_i 相等，即压控振荡器的频率被锁定在外来参考频率上。

5）同频带与捕捉带

同步带是指从环路锁定开始，改变输入信号的频率 f_i（向高或向低两个方向变化），直到环路失锁（由锁定到失锁），这段频率范围称为同步带。

捕捉带是指锁相环处于一定的固有振荡频率 f_V，即处在失锁状态，当慢慢减小外加输入信号频率 f_i（初始频率设置较高），直到环路锁定，此时外加输入信号频率 $f_{i,max}$ 就是同步带的最高频率。环路失锁时，当慢慢增加外加输入信号频率（初始频率设置较低），直到环路锁定，此时外加输入信号频率 $f_{i,min}$ 就是捕捉带的最低频率。捕捉带为 $f_{i,max} - f_{i,min}$。

6）数字频率合成器

频率合成器技术是现代通信对频率源的频率稳定、准确度、频率纯度及频带利用率提出高要求的产物。它能够利用一个高稳标准频率源（如晶体振荡器）合成出大量具有同样性能的离散频率。

（1）直接式锁相频率合成器。

直接式锁相频率合成器构成如图 4-2-3 所示。图中的频率 f_R 为高稳定的参考脉冲信号（如晶体振荡器输出的信号）。频率 f_N 为压控振荡器（VCO）输出经 N 次分频后得到的脉冲信号。f_R 和 f_N 在鉴相器（PD）中进行比较，当环路处于锁定状态时，则有：

$$f_R = f_N$$

因为：
$$f_N = f_V / N$$

所以：
$$f_V = N f_N = N f_R$$

显然，只要改变分频比 N，即可达到改变输出频率 f_V 的目的，从而实现了由 f_R 合成 f_V 的任务。这样，只要输入一个固定参考频率 f_R，即可得到一系列所需要的频率。在该电路中，输出频率点间隔 $\Delta f = f_R$。选择不同的 f_R，就可以获得不同 f_R 的频率间隔。

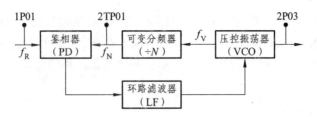

图 4-2-3　直接式锁相环频率合成器功能框图

在数字频率合成器模块中，由 2U02、2U03 构成二级可预置分频器，2U02、2U03 分别对应着总分频比 N 的十位、个位分频器。模块上的两个 4 位红色拨动开关 2S01、2S02 分别控制十位数、个位数的分频比，它们以 8421BCD 码形式输入。拨动开关往上拨为"1"，往下拨为"0"。使用时按所需分频比 N 预置好 2S01 的输入数据，例如 $N=7$ 时，2S01 置"0000"，2S02 置"0111"；$N=17$ 时，2S01 置"0001"，2S02 置"0111"。但是应当注意，当 2S02 置"1111"时，个位分频比 $N=15$，如果 2S01 置"0001"时，此时的总分频比为 $N=25$。因此为了计算方便，建议个位分频比的预置不要超过 9。

当程序分频器的分频比 N 置 1，也就是把 2S01 置"0000"，2S02 置成"0001"的状态，这时，该电路就是一个基本锁相环电路。当二级程序分频器的 N 值由外部输入进行编程控制时，该电路就是一个锁相式数字频率合成器实验电路。

2. 4046 锁相环组成的频率调制与合成实验电路

4046 锁相环组成的频率调制与合成实验电路如图 4-2-4 所示。

1）频率调制器

图 4-2-4 中 2K02 打向"左侧"时，4046 锁相环构成频率调制器。图中 2P01 为外加输入信号连接点，是在测试 4046 锁相环同步带、捕捉带时用的，2R07、2C01 和 2R03 构成环路滤波器。2P02 为音频调制信号输入口，调制信号由 2P02 输入，通过 4046 的第 9 脚控制其 VCO 的振荡频率。由于此时的控制电压为音频信号，因此 VCO 的振荡频率也会按照音频的规律变化，即达到了调频的目的。调频信号由 2P03 输出。由于本振荡器输出的是方波，因此本实验输出的是调频方波。

2）频率合成器

将图 4-2-4 中 2K02 打向"右侧"时，电路变为频率合成器。频率合成器是在锁相环的基础上增加了一个可变分频器。图中 2U02、2U03 构成可变分频器，2S01 为分频比的十位数设置开关，2S02 为分频比的个位数设置开关，都以 8421BCD 码形式输入。2P01 为外加基准频率输入铆孔，2TP01 为相位比较器输入信号测试点，也是分频器输出信号测试点。2P03 为 VCO 压控振荡器的输出信号铆孔。

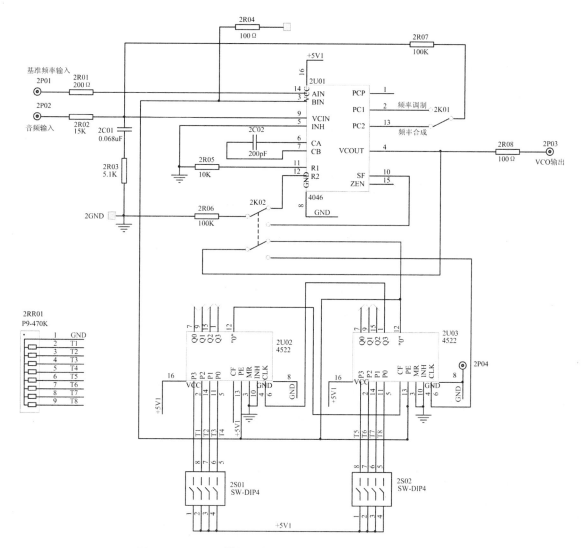

图 4-2-4 4046锁相环频率调制器与频率合成器实验电路

四、实验设备（见表4-2-2）

表 4-2-2 实验设备

序号	名　称	型号与规格	数量	备注
1	60 MHz 双踪示波器	ADS7062SN	1	
2	数字万用表	UT39A	1	
3	锁相、频率合成、调频模块		1	
4	高频实验箱	TLS-G205	1	

五、实验内容与基本步骤

1. 模块上电

将锁相、频率合成、调频模块插在高频大底板上，接通电源，即可开始实验。

2. 观察调频波波形（2K01、2K02置"频率调制"）

（1）将实验箱上函数信号发生器输出的正弦波（频率$f = 4$ kHz，电压峰-峰值$U_{P-P} = 4$ V）作为调制信号加入到本实验模块的输入端2P02，用示波器观察输出的调频方波信号（2P03），调出调频波波形并记入实验报告中的表4-2-1。

（2）将函数信号发生器输出的方波（频率$f = 4$ kHz，$U_{P-P} = 4$ V）作为调制信号加入到本实验模块的输入端2P02，用示波器观察输出的调频方波信号（2P03），调出调频波波形并记入实验报告中的表4-2-1。

3. 同步带和捕捉带的测量（2K01、2K02置"频率调制"）

做此项实验时需要几百千赫兹的函数发生器，以产生所需的外加基准方波频率。方法如下：双踪示波器CH_1接2P03，CH_2接2P01，外加基准信号接2P01。

首先调整外加基准频率$f_i = 100$ kHz，使环路处于锁定状态，即2P03与2P01的波形完全一致，然后慢慢减小基准频率，用双踪示波器仔细观察相位比较器两输入信号之间的关系，当两输入信号波形不一致时，表示环路已失锁，此时基准频率f_i就是环路同步带的下限频率f_1。慢慢增加基准平率f_i，发现两输入信号由不同步变为同步，且$f_i = f_o$，表示环路已进入到锁定状态，此时f_i就是捕捉带的下限频率f_{11}。继续增加f_i，此时压控振荡器f_o将随f_i而变。但当f_i增加到f_2时，f_o不再随f_i而变，这个f_2就是环路同步带的上限频率。然后再逐步降低f_i，直至环路锁定，此时f_i就是捕捉带的最高频率f_{22}。从而可求出：

$$捕捉带 \Delta f = f_{22} - f_{11}，同步带 \Delta f = f_2 - f_1$$

根据计算结果画出如图4-2-5所示的示意图（将图中f_1、f_2、f_{11}和f_{22}用实验测量的数值代替）。

图4-2-5 同步带与捕捉带示意图

4. 频率合成器测量（2K01、2K02置"频率合成"）

1）外加基准信号的设置

将底板低频信号源设置为函数输出，且输出方波，频率$f = 2$ kHz，$U_{P-P} = 5$ V，将该信号作为外加基准信号。

2）信号线连接

将底板低频信号源的输出与2P01（基准频率输入）相连。

3）锁相环锁定测试

将 2S01 设置为"0000"，2S02 设置为"0001"，则程序分频器分频比 $N=1$。双踪示波器探头分别接 2P01、2P03，若两波形一致，则表示锁相环锁定。

4）数字频率合成器及频率调节

双踪示波器探头，分别接至 2P01（基准频率输入）、2P03（VCO 输出），改变程序分频器的分频比，使 N 分别等于 2、3、5、7、10、20 等情况下，若 2P01、2P03 两波形同步，则表示锁相环锁定。用频率计测量 2P03 处的信号频率，它应等于输入信号频率（ $f=2\,\text{kHz}$ ）的 N 倍。（锁相环锁定时， $f_R=f_N$ ，即 2P01 和 2TP01 两点的频率应相同，但两波形的占空比不一定相同。只有 $N=1$ 时占空比相同）。将 N 分别等于 2、3、5、7、10、20 情况下输出端 2P03 的输出波形和频率记入实验报告中的表 4-2-2。

5）测量并观察最大分频比（选做）

锁相环有一个捕捉带宽，当超过这个带宽时，锁相环就会失锁。本模块最小锁定频率约 800 Hz，最大输出频率 $f_{V,\max}$ 约等于 350 kHz。因此，外加基准频率应大于 800 Hz。且当 N 倍 f_R 大于 350 kHz 时，锁相环将失锁。在测定最大分频比时，与输入的参数频率 $f_R=f_N$ 有关。

测出 $f_R=2\,\text{kHz}$ 和 $f_R=4\,\text{kHz}$ 时的最大分频比。其方法是：改变程序分频器的分频比，使它不断增大，若 2P01、2P03 两波形仍然同步，则表示锁相环锁定。当两波形不同步，即失锁时，记录当 $f_R=2\,\text{kHz}$ 和 $f_R=4\,\text{kHz}$ 时的最大分频比 N_1 和 N_2 ，最小分频比 $N=1$ 。

六、实验注意事项

（1）在整个实验过程中，应先对原理有一定的认识，切忌盲目做实验；
（2）对仪器的使用要谨慎，尤其像示波器、万用表之类的仪器；
（3）对可调元器件，在调节的过程中需用力适度。

实验三 幅度调制/解调实验研究

一、实验任务

（1）模拟相乘调幅器的输入失调电压调节、直流调制特性测量；

（2）用示波器观察 DSB 波形和 AM 波形，测量调幅系数；

（3）用示波器观察包络检波器和同步检波器解调 AM 波、DSB 波时的性能；

（4）用示波器观察普通调幅波（AM）解调中的对角切割失真现象和底部切割失真现象。

完成任务：（1）的满分为 30 分，（1）+（2）的满分为 60 分，（1）+（2）+（3）的满分为 90 分，（1）+（2）+（3）+（4）的满分 100 分。

二、实验目的与要求

（1）掌握用 MCl496 实现 AM 和 DSB 的方法，并研究已调波与调制信号、载波之间的关系；

（2）掌握在示波器上测量调幅系数的方法；

（3）掌握用包络检波器实现 AM 波解调的方法。

（4）掌握用 MC1496 模拟乘法器组成的同步检波器实现 AM 波和 DSB 波解调的方法。

三、实验原理

1. 基本概念

（1）调制：利用调制信号去控制载波的某个参数的过程。

（2）幅度调制：利用调制信号去控制载波的振幅，使载波信号的振幅按调制信号的规律变化。

① 调制信号：由原始消息（如声音、数据、图像等）转变成的低频或视频信号。可以是模拟信号，也可是数字信号。

② 载波信号：未受调制的高频振荡信号。可以是正弦信号，也可是非正弦信号。

③ 已调波信号：受调制后的高频信号，即已经把调制信号加载到载波中的信号。

（3）AM 调幅波：普通调幅方式（AM），其输出的已调信号称为调幅波。

（4）双边带信号 DSB：抑制载波的双边带调制，其输出的已调信号称为双边带信号（DSB）。

（5）调制系数 m_a：调制信号振幅与载波振幅之比。

根据 m_a 的定义，测出 A、B，A、B 的定义如图 4-3-1 所示，即可得到 m_a。

$$m_a = \frac{A-B}{A+B} \times 100\%$$

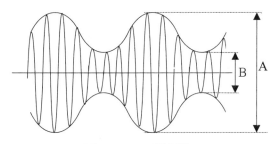

图 4-3-1 已调幅波

（6）幅度解调：从已调幅波中提取调制信号的过程，亦称为检波。通常，幅度解调的方法有包络检波和同步检波两种。

（7）MC1496 四象限模拟相乘器。

MC1496 是一种四象限模拟相乘器，其内部电路以及用作振幅调制器时的外部连接如图 4-3-2 所示。由图可见，电路中采用了以反极性方式连接的两组差分对（$V_1 \sim V_4$），且这两组差分对与恒流源管（V_5、V_6）又组成了一个差分对，因而也称为双差分对模拟相乘器。其典型用法是：（8）、（10）脚间接一路输入（称为上输入 U_1），（1）、（4）脚间接另一路输入（称为下输入 U_2），（6）、（12）脚分别经由集电极电阻 R_c 接到正电源 + 12 V 上，并由（6）、（12）脚间取输出 U_O。（2）、（3）脚间接负反馈电阻 R_t。（5）脚到地之间接电阻 R_B，典型值为 6.8 kΩ，它决定了恒流源电流 I_7、I_8 的数值。（14）脚接负电源 – 8 V。（7）、（9）、（11）、（13）脚悬空不用。由于两路输入 U_1、U_2 的极性皆可取正或负，因而称之为四象限模拟相乘器。

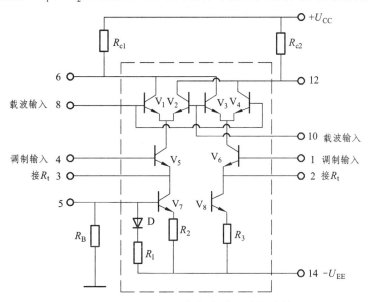

图 4-3-2　MC1496 内部电路及外部连接

可以证明：

$$U_o = \frac{2R_c}{R_t} U_2 \cdot th\left(\frac{U_1}{2U_T}\right)$$

因而，仅当上式输入满足 $U_1 \leqslant U_T$（26 mV）时，才有：

$$U_o = \frac{R_c}{R_t} U_1 \cdot U_2$$

才是真正的模拟相乘器，本实验即为此例。

（8）二极管包络检波：解调器输出电压与输入已调波的包络成正比的检波方法。由于 AM 信号的包络与调制信号成线性关系，因此包络检波只适用于 AM 波。它具有电路简单，检波线性好，易于实现等优点。

（9）同步检波：又称相干检波，它利用与已调幅波的载波同步（同频、同相）的一个恢复载波（又称基准信号）与已调幅波相乘，再用低通滤波器滤除高频分量，从而解调出调制信号。

2. 实验电路原理

1）1496 组成的调幅器电路

由 1496 组成的调幅器实验电路如图 4-3-3 所示。图中，与图 4-3-2 相对应之处是：1R08 对应于 R_t，1R12 对应于 R_B，1R09、1R10 对应于 R_{c1} 和 R_{c2}。此外，1W02 用来调节（1）、（4）端之间的平衡，1W03 用来调节（8）、（10）端之间的平衡。1K01 开关控制（1）端是否接入直流电压，当 1K01 置"右侧"时，1496 的（1）端接入直流电压，其输出为正常调幅波（AM），调整 1W01，可改变调幅波的调制度。当 1K01 置"左侧"时，其输出为平衡调幅波。晶体管 1Q01 为射极跟随器，用以提高调制器的带负载能力。

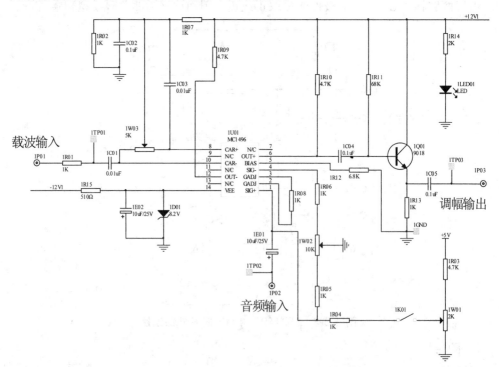

图 4-3-3　1496 组成的调幅器实验电路

2）二极管检波电路

本实验电路主要包括二极管和 RC 低通滤波器，如图 4-3-4 所示。

164

图 4-3-4 中，2D01 为检波管，2C02、2R08、2C03 构成低通滤波器，2R09、2W01 为二极管检波直流负载，2W01 用来调节直流负载大小。开关 2K01 是为了二极管检波交流负载的接入与断开而设置的，2K01 置"on"为接入交流负载，2K01 置"off"为断开交流负载。

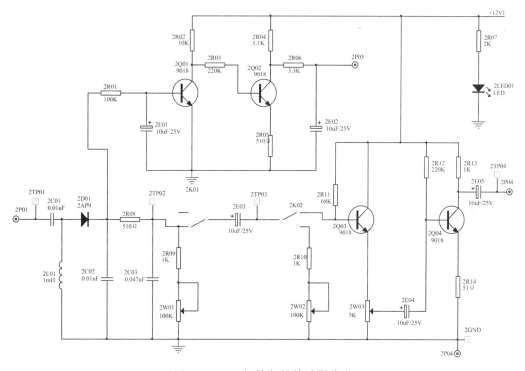

图 4-3-4　二极管包络检波器电路

2K02 开关控制着检波器是接入交流负载还是接入后级低放。开关 2K02 拨至右侧时接交流负载，拨至左侧时接后级放大。当检波器构成系统时，需与后级低放接通。2Q03、2Q04 对检波后的音频进行放大，放大后的音频由 2P02 输出。因此，2K02 可控制音频信号是否输出，调节 2W03 可调整输出幅度。图 4-3-4 中，利用二极管的单向导电性使得电路的充放电时间常数不同来实现检波。所以 RC 时间常数的选择很重要。RC 时间常数过大，则会产生对角切割失真（又称惰性失真）；RC 常数太小，高频分量会滤不干净。综合考虑要求满足下式：

$$RC\Omega < \frac{\sqrt{1-m_a^2}}{m_a}$$

其中 m_a 为调制系数，Ω 为调制信号角频率。

当检波器的直流负载电阻 R 与交流负载电阻 R_Ω 不相等，而且调制系数 m_a 又相当大时，会产生底边切割失真（又称负峰切割失真）。为了保证不产生底边切割失真，应满足

$$m_a < \frac{R_\Omega}{R}$$

3）用模拟乘法器 MC1496 同步检波电路

采用 MC1496 集成电路来组成同步检波解调器，如图 4-3-5 所示。图中，恢复载波 u_c 先加

165

到输入端 2P01 上，在经过电容 2C01 加在（8）、（10）脚之间。已调幅波 u_{amp} 先加到输入端 2P02 上，再经过电容 2C02 加在（1）、（4）之间。相乘后的信号由（12）输出，再经过由 2C05、2C06、2R12 组成的 π形低通滤波器滤除高频分量后，在解调输出端（2P03）提取出调制信号。

需要指出的是，在图 4-3-5 中对 1496 采用了单电源（＋12 V）供电，因而（14）脚需接地，并且其他引脚亦需偏置相应的正电位，如图所示。

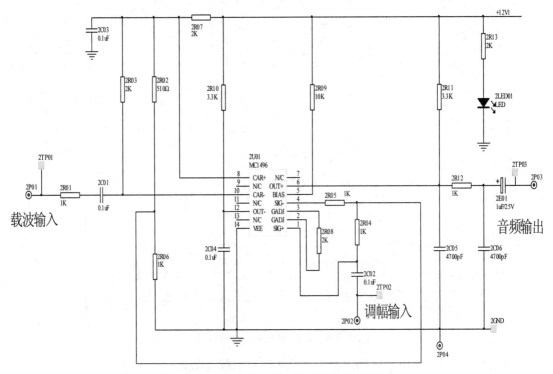

图 4-3-5　MC1496 组成的解调器实验电路

由此可见，同一集成芯片，与不同的外围电路结合，可实现不同的功能，同时也看出调制与解调二者的相关性。

四、实验设备（见表 4-3-1）

表 4-3-1　实验设备

序号	名　称	型号与规格	数量	备注
1	60 MHz 双踪示波器	ADS7062SN	1	
2	数字万用表		1	
3	DDS 信号源		1	
4	集成乘法器幅度调制电路模块		1	
5	集成乘法器幅度解调电路模块		1	
6	高频实验箱	TLS-G205	1	

五、实验内容与基本步骤

1. 用 MC1496 组成幅度调制电路（1K01 断开时为 DSB 调制，接通时为 AM 调制）

1）模块上电和信号源的调节

（1）在实验箱主板上插上集成乘法器幅度调制电路模块。接通实验箱上电源开关，按下模块开关，此时电源指标灯点亮。

（2）调制信号源：采用低频信号源中的函数信号发生器，输出正弦波（频率 $f = 1\,\text{kHz}$，电压峰-峰值 $U_{\text{P-P}} = 500\,\text{mV}$）。

（3）载波源：采用 DDS 信号源（频率 $f = 2\,\text{MHz}$，峰-峰值 $U_{\text{P-P}} = 500\,\text{mV}$）。

2）输入失调电压的调整（交流馈通电压的调整）（1K01 断开）

集成模拟相乘器在使用之前必须进行输入失调电压调零，也就是要进行交流馈通电压的调整，其目的是使相乘器调整为平衡状态。因此在调整前必须将实验电路中的开关 1K01 置"左侧"（断开），以切断其直流电压。交流馈通电压指的是相乘器的一个输入端加上信号电压，而另一个输入端不加信号时的输出电压，这个电压越小越好。

（1）载波输入端输入失调电压调节。

把调制信号源输出的音频调制信号加到音频输入端（1P02），而载波输入端不加信号。用示波器监测相乘器输出端（1TP03）的输出波形，调节电位器 1W02，使此时输出端（1TP03）的输出信号（称为调制输入端馈通误差）最小。

（2）调制输入端输入失调电压调节。

把载波源输出的载波信号加到载波输入端（1P01），而音频输入端不加信号。用示波器监测相乘器输出端（1TP03）的输出波形。调节电位器 1W03，使此时输出（1TP03）的输出信号（称为载波输入端馈通误差）最小。

3）DSB 信号波形观察（1K01 断开）

（1）DSB 信号对称性观察。

将 DDS 信号源输出的载波接入载波输入端（1P01），低频调制信号接入音频输入端（1P02）。示波器 CH_1 接调制信号（可用带"钩"的探头接到 1TP02 上），示波器 CH_2 接调幅输出端（1TP03），即可观察到调制信号及其对应的 DSB 信号波形。波形记录在实验报告中表 4-3-1 第一栏，如果观察到的 DSB 波形不对称，应微调 1W02 电位器。

（2）DSB 信号反相点观察。

为了清楚地观察双边带信号过零点的反相，必须降低载波的频率。本实验可将载波频率降低为 $100\,\text{kHz}$（如果是 DDS 信号源，可直接调制 $100\,\text{kHz}$；如果是其他信号源，需另配 $100\,\text{kHz}$ 的函数发生器），幅度仍为 $500\,\text{mV}$。调制信号仍为 $1\,\text{kHz}$（幅度 $600\,\text{mV}$）。

增大示波器 X 轴扫描速率，仔细观察调制信号过零点时刻所对应的 DSB 信号，过零点时刻的波形应该反相，波形记录在实验报告中表 4-3-1 第二栏。

（3）DSB 信号波形与载波波形的相位比较（选做）。

在 DSB 信号反相点观察的基础上，将示波器 CH₁ 改接 1TP01 点，把调制器的输入载波波形与输出 DSB 波形的相位进行比较，得出结论记录在实验报告中的表 4-3-1 的第三栏。

4）AM（常规调幅）波形测量（1K01 接通）

（1）AM 正常波形观测。

在保持输入失调电压调节的基础上，将开关 1K01 置"左侧"，即转为正常调幅状态。载波频率仍设置为 2 MHz（幅度 500 mV），调制信号频率 1 kHz（幅度 600 mV）。示波器 CH₁ 接 1TP02、CH₂ 接 1TP03，即可观察到正常的 AM 波形，将波形记录在实验报告中的表 4-3-2 的第一栏。

（2）不对称调制度的 AM 波形观察。

在 AM 正常波形调整的基础上，改变 1W03，可观察到调制度不对称的情形。将波形记录在实验报告中的表 4-3-2 的第二栏。

（3）过调制时的 AM 波形观察。

在上述实验的基础上，即载波 2 MHz（幅度 500 mV），音频调制信号 1 kHz（幅度 600 mV），示波器 CH₁ 接 1TP02、CH₂ 接 1TP03。调整 1W01 使调制度 m_a 为 100%，然后增大音频调制信号的幅度，可以观察到过调制时 AM 波形，将波形记录在实验报告中的表 4-3-2 的第三栏，并与调制信号波形作比较。

（4）增大载波幅度时的调幅波观察（选做）。

保持调制信号输入不变，逐步增大载波幅度，并观察输出已调波形。最后把载波幅度复原（500 mV）。

（5）调制信号为三角波和方波时的调幅波观察（选做）

保持载波源输出不变，但把调制信号源输出的调制信号改为三角波（峰—峰值 500 mV）或方波（500 mV），并改变其频率，观察已调波形的变化。调整 1W01，观察输出波形调制度的变化。

2. 二极管包络检波器

1）模块上电

选择好需要做实验的模块板：集成乘法器幅度调制电路、二极管检波器、集成乘法器幅度解调电路。接通实验板的电源开关，使相关电源指示灯发光，表示已接通电源即可开始实验。

2）AM 波的获得（1K01 接通）

集成乘法器幅度调制电路模块板产生 AM 波。即低频信号或函数发生器作为调制信号源（输出 500 mV_{p-p} 的 1 kHz 正弦波），以 DDS 信号源作为载波源（输出 500 mV_{p-p} 的 2 MHz 正弦波），再调节 1W01，便可从幅度调制电路单元上输出 m_a =30% 的 AM 波，其输出幅度（峰-峰值）至少为 0.8 V。

3）m_a =30% 的 AM 波的包络检波器解调

将二极管检波器电路（图 4-3-4）中的开关 2K01 拨至右侧，2K02 接至放大输出。把上面得到的 AM 波加到包络检波器输入端（2P01），即可用示波器在 2TP02 观察到包络检波器的输出，并记录输出波形。为了更好地观察包络检波器的解调性能，可将示波器 CH$_1$ 接包络检波器的输入 2TP01，而将示波器 CH$_2$ 接包络检波器的输出 2TP02（下同）。调节直流负载的大小（调 2W01），使输出得到一个不失真的解调信号，画出波形，记入实验报告中的表 4-3-3 的第一栏。

4）观察对角切割失真（$100\% > m_a > 30\%$）

保持以上输出，调节直流负载（调 2W01），使输出产生对角失真如果失真不明显可以加大调幅度（调整 1W01），画出其波形并计算此时的 m_a 值，结果记入实验报告中表 4-3-3 的第二栏。

5）观察底部切割失真（$100\% > m_a > 30\%$）

当交流负载未接入前，先调节 2W01 使解调信号不失真。然后接通交流负载（2K01 至左侧，2K02 拨至底部失真），示波器 CH$_2$ 接 2TP03。调节交流负载的大小（调 2W02），使解调信号出现底部切割失真，如果失真不明显，可加大调幅度（即增大音频调制信号幅度）画出其相应的波形并计算此时的 m_a。当出现底部切割失真后，减小 m_a（减小音频调制信号幅度）使失真消失，并计算此时的最大不失真 m_a，结果记入实验报告中表 4-3-3 的第三栏。

6）当 $m_a = 100\%$ 与 $m_a > 100\%$ 的 AM 波的解调（选做）

先调节 1W01，当 $m_a = 100\%$ 时，观察检波器输出波形。再加大音频调制信号幅度，使 $m_a > 100\%$，再观察检波器输出波形。

3. 集成电路（乘法器）构成的同步检波

将幅度调制电路输出的 AM 波接到幅度解调电路的调幅输入端（2P02）。解调电路的恢复载波，可用导线直接与调制电路中载波输入相连，即 1P01 与 2P01 相连。示波器 CH$_1$ 接调幅信号 2TP02，CH$_2$ 接同步检波器的输出 2TP03。分别观察当调制电路输出为 $m_a = 30\%$、$m_a = 100\%$、$m_a > 100\%$ 时三种 AM 的解调输出波形，将其记录到实验报告中的表 4-3-4 中，并与调制信号作比较。

六、实验注意事项

（1）调节电位器时要有耐心，参数适中才能完成实验数据的测量。
（2）载波信号的波形失真一些也不影响实验结果。

实验四　高频信号的功率放大、发射与接收

一、实验任务

（1）观察高频功率放大器丙类工作状态的现象，并分析其特点；

（2）测试丙类功率放大器的调谐特性；

（3）测试负载变化时三种状态（欠压、临界、过压）的余弦电流波形；

（4）观察激励电压、集电极电压变化时余弦电流脉冲的变化过程。

完成任务：（1）的满分为 30 分，（1）+（2）的满分为 60 分，（1）+（2）+（3）的满分为 90 分，（1）+（2）+（3）+（4）的满分 100 分。

二、实验目的与要求

（1）加深对丙类功率放大器基本工作原理的理解，掌握丙类功率放大器的调谐特性。

（2）掌握输入激励电压、集电极电源电压及负载变化对放大器工作状态的影响。

（3）进一步了解调幅的工作原理。

三、实验原理

1. 高频功率放大器的基本概念

高频功率放大器用于发射机的末级，作用是将高频已调波信号进行功率放大，以满足发送功率的要求，然后经过天线将其辐射到空间，保证在一定区域内的接收机可以接收到满意的信号电平，并且不干扰相邻信道的通信。

放大器按照电流导通角的不同，将其分为甲、乙、丙三类工作状态：甲类放大器电流的流通角为 360°，适用于小信号低功率放大；乙类放大器电流的流通角约等于 180°；丙类放大器电流的流通角则小于 180°。乙类和丙类都适用于大功率工作，丙类工作状态的输出功率和效率是三种工作状态中最高者。高频功率放大器大多工作于丙类，但丙类放大器的电流波形失真太大，因而不能用于低频功率放大，只能用于采用调谐回路作为负载的谐振功率放大。由于调谐回路具有滤波能力，回路电流与电压仍然极近于正弦波形，失真很小。

高频功率放大器一般都采用选频网络作为负载回路。由于这一特点，使得放大器所选用的工作状态不同，低频功率放大器可工作于甲类、甲乙类或乙类（限于推挽电路）状态；高频功率放大器则一般都工作于丙类（某些特殊情况可工作于乙类）。综上所述可见，高频功率放大器与低频功率放大器的共同之点是要求输出功率大，效率高；它们的不同之点则是二者的工作频率与相对频宽不同，因而负载网络和工作状态也不同。

高频功率放大器的主要技术指标有：输出功率、效率、功率增益、带宽和谐波、抑制度（或信号失真度）等。这几项指标要求是互相矛盾的，在设计放大器时应根据具体要求，突出一些指标，兼顾其他一些指标。

2. 谐振功率放大器的三种工作状态相关概念

谐振功率放大器共有欠压、临界、过压三种状态。欠压状态下，管子导通时，动态曲线处于放大区；临界状态下，管子导通时，动态曲线达到临界饱和区；过压状态下，管子导通时，动态曲线进入饱和区。

动态曲线由一根曲线（因负载是电抗性质）与一根线段构成，动态线与横轴交在小于 U_{CC} 的地方（因导通角小于 180°）；集电极电流是一串余弦脉冲（或一串凹陷脉冲）；过压状态电流出现凹陷，是集电极负载为谐振回路所致。

3. 丙类调谐功率放大器基本工作原理

放大器按照电流导通 θ 的范围可分为甲类、乙类及丙类等不同类型。功率放大器电流导通角 θ 越小，放大器的效率则越高。丙类功率放大器的电流导通角 $\theta < 90°$，效率可达 80%，通常作为发送单元末级功放以获得较大的输出功率和较高的效率。为了不失真地放大信号，它的负载必须是 LC 谐振回路。

由于丙类调谐功率放大器采用的是反向偏置，在静态时，管子处于截止状态。只有当激励信号 u_b 足够大，超过反偏压 E_b 及晶体管起始导通电压 u_i 之和时，管子才导通。这样，管子只在一周期的一小部分时间导通。所以集电极电流是周期性的余弦脉冲，波形如图 4-4-1 所示。

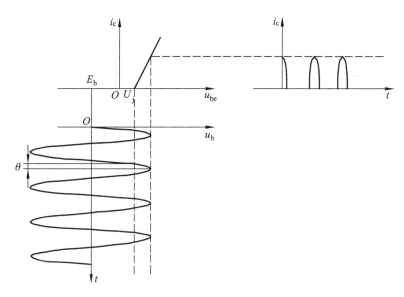

图 4-4-1　折线法分析非线性电路电流波形

根据调谐功率放大器在工作时是否进入饱和区，可将放大器分为欠压、过压和临界三种工作状态。若在整个周期内，晶体管工作不进入饱和区，也即在任何时刻都工作在放大区，称放大器工作在欠压状态；若刚刚进入饱和区的边缘，称放大器工作在临界状态；若晶体管工作时有部分时间进入饱和区，则称放大器工作在过压状态。放大器的这三种工作状态取决于电源电压 E_C、偏置电压 E_b、激励电压幅值 U_{bm} 以及集电极等效负载电阻 R_C。

1）激励电压幅值 U_{bm} 变化对工作状态的影响

当调谐功率放大器的电源电压 E_C、偏置电压 E_b 和负载电阻 R_C 保持恒定时，激励振幅 U_{bm} 变化对放大器工作状态的影响如图 4-4-2 所示。

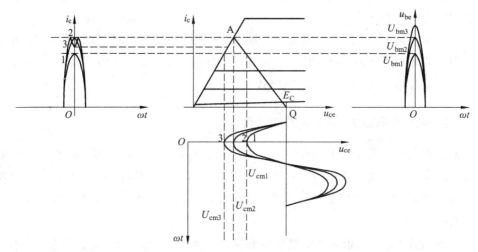

图 4-4-2　U_{bm} 变化对工作状态的影响

由图 4-4-2 可以看出，当 U_{bm} 增大时，i_{cmax}、U_{cm} 也增大；当 U_{bm} 增大到一定程度，放大器的工作状态由欠压进入过压，电流波形出现凹陷，但此时 U_{cm} 还会增大（如 U_{cm3}）。

2）负载电阻 R_C 变化对放大器工作状态的影响

当 E_C、E_b、U_{bm} 保持恒定时，改变集电极等效负载电阻 R_C 对放大器工作状态的影响如图 4-4-3 所示。

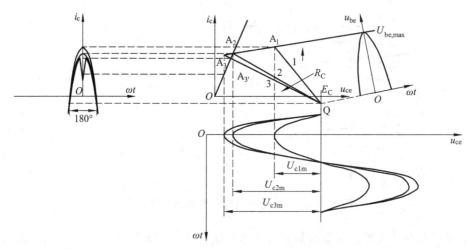

图 4-4-3　不同负载电阻时的动态特性

图 4-4-3 表示在三种不同负载电阻 R_C 时，作出的三条不同动态特性曲线 QA_1、QA_2、$QA_3A_{3'}$。其中 QA_1 对应于欠压状态，QA_2 对应于临界状态，$QA_3A_{3'}$ 对应于过压状态。QA_1 相对应的负载电阻 R_C 较小，U_{cm} 也较小，集电极电流波形是余弦脉冲。随着 R_C 增加，动态负

载线的斜率逐渐减小，U_{cm} 逐渐增大，放大器工作状态由欠压到临界，此时电流波形仍为余弦脉冲，只是幅值比欠压时略小。当 R_C 继续增大，U_{cm} 进一步增大，放大器进入过压状态，此时动态负载线 QA_3 与饱和线相交，此后电流 i_c 随 U_{cm} 沿饱和线下降到 $A_{3'}$，电流波形顶端下凹，呈马鞍形。

3）电源电压 E_C 的变化对放大器工作状态的影响

在 E_b、U_{bm}、R_C 保持恒定时，集电极电源电压 E_C 变化对放大器工作状态的影响如图 4-4-4 所示。

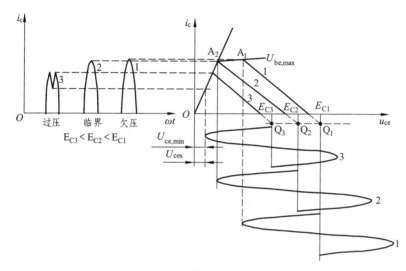

图 4-4-4　E_C 改变时对工作状态的影响

由图可见，E_C 变化，$U_{ce,min}$ 也随之变化，使得 $U_{ce,min}$ 和 U_{ces} 的相对大小发生变化。当 E_C 较大时，$U_{ce,min}$ 具有较大数值，且远大于 U_{ces}，放大器工作欠压状态。随着 E_C 减小，$U_{ce,min}$ 也减小，当 $U_{ce,min}$ 接近 U_{ces} 时，放大器工作在临界状态。E_C 再减小，$U_{ce,min}$ 小于 U_{ces} 时，放大器工作在过压状态。图 4-4-4 中，$E_C > E_{C2}$ 时，放大器工作在欠压状态；$E_C = E_{C2}$ 时，放大器工作在临界状态；$E_C < E_{C2}$ 时，放大器工作在过压状态。即当 E_C 由大变小时，放大器的工作状态由欠压进入过压，i_c 波形也由余弦脉冲波形变为中间凹陷的脉冲波。

4. 高频功率放大器实验电路

高频功率放大器实验电路如图 4-4-5 所示。

本实验单元由两级放大器组成，Q01 是前置放大器级，工作在甲类线性状态，以适应较小的输入信号电平。TP01、TP02 为该级输入、输出测量点。由于该级负载是电阻，对输入信号没有滤波和调谐作用，因而既可作为调幅放大，也可作为调频放大。当 K02 置右侧时，Q02 为丙类高频功率放大电路，其基极偏置电压为零，通过发射极上的电压构成反偏。因此，只有在载波的正半周且幅度足够大时才能使功率管导通。其集电极负载为 LC 选频谐振回路，谐振在载波频率上以选出基波，因此可获得较大的功率输出。本实验功放有两个选频回路，由 K04 来选定。当 K04 拨至右侧时，所选的谐振回路谐振频率为 1.9 MHz 左右。此时可用于测量三种状态（欠压、临界、过压）下的电流脉冲波形，因频率较低时测量效果较好。W02

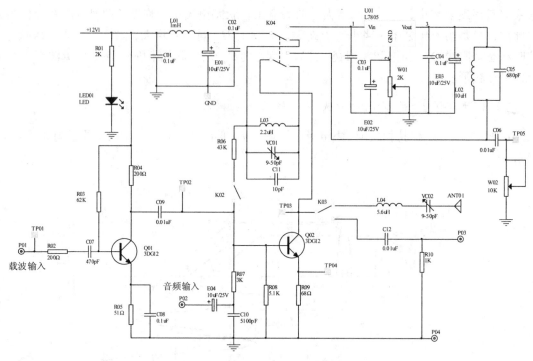

图 4-4-5 高频功率放大与发射实验图

电位器用来改变负载电阻的大小。W01 用来调整功放集电极电源电压的大小（谐振回路频率为 1.9 左右时）。当 K04 拨至左侧时，所选的谐振回路频率为 8.2 MHz 左右，此时功放可用于构成无线收发系统。在功放构成系统时，K03 控制功放是由天线发射输出还是直接通过电缆输出：当 K03 往左拨时，功放输出通过天线发射，ANT01 为天线接入端；K03 往右拨时，功放通过 P03 输出。P02 为音频信号输入口，加入音频信号时，可对功放进行基极调幅。TP03 为功放集电极测试点，TP04 为发射极测试点，可在该点测试电流脉冲波形，TP05 用于测量负载电阻大小。当输入信号为调幅波时，Q02 不能工作在丙类状态，因为调幅波在波谷时，幅度较小，Q02 可能不导通，导致输出严重失真。因此输入信号为调幅波时，K02 必须拨至左侧，使 Q02 工作在甲类状态。

四、实验设备（见表 4-4-1）

表 4-4-1 实验设备

序号	名　称	型号与规格	数量	备注
1	60 MHz 双踪示波器	ADS7062SN	1	
2	频率计	AT-F1000-C	1	
3	数字万用表	UT39A	1	
4	扫频仪		1	
5	DDS 信号源		1	
6	高频功率放大与发射实验模块		1	
7	高频实验箱	TLS-G205	1	

五、实验内容与基本步骤

1. 模块上电

在实验主板上装上高频功率放大与射频发射模块，接通电源即可开始实验。

2. 激励电压、电源电压及负载变化对丙类功放工作状态的影响

（1）观察激励电压 U_b 对放大器工作状态的影响。

K04 置右侧，保持集电极电源电压 $E_C = 6$ V（用万用表测 TP03 直流电压，调 W01 等于 6 V），负载电阻 $R_L = 8$ kΩ（用万用表测 TP05 电阻，调 W02 使其为 8 kΩ）不变。

DDS 信号源频率 1.9 MHz 左右，幅度 500 mV（峰-峰值），连接至功放模块输入端（P01）。示波器 CH$_1$ 接 TP03，CH$_2$ 接 TP04。调整 DDS 信号源频率，使功放谐振即输出幅度（TP03）最大。改变信号源幅度，即改变激励信号电压 U_b，观察 TP04 电压波形。信号源幅度变化时，应观察到欠压、临界、过压脉冲波形。记录波形到实验报告中的表 4-4-1 中（如果波形不对称，应微调 DDS 信号源频率，如果是 DDS 信号源，注意选择合适的频率步长档位）。

（2）观察集电极电源电压 E_C 对放大器工作状态的影响。

保持激励电压 U_b（TP01 电压为 200 mV 峰-峰值），负载电阻 $R_L = 8$ kΩ 不变，改变功放集电极电压 E_C（调整 W01 电位器，使 E_C 为 5 ~ 10 V 变化），观察 TP04 电压波形。调整电压 E_C 时，仍可观察欠压、临界、过压的波形，但此时欠压波形幅度比临界时稍大。记录实验观察到的波形到实验报告中的表 4-4-2 中。

（3）观察负载电阻 R_L 变化对放大器工作状态的影响。

保持功放集电极电压 $E_C = 6$ V，激励电压（TP01 点电压、150 mV 峰-峰值）不变，改变负载电阻 R_L（调整 W02 电位器）观察 TP04 电压波形。同样能观察到上面实验中的脉冲波形，但欠压时波形幅度比临界时大。测出欠压、临界、过压时负载电阻的大小。记录实验观察到的波形到实验报告中的表 4-4-3 中。

3. 功放调谐特性测试

K04 置左侧，K02 置右侧。前置级输入信号幅度峰-峰值为 600 mV。频率范围从 7.2 MHz ~ 9.2 MHz，用示波器测出 TP03 的电压值，并填入实验报告中的表 4-4-4，然后画出频率与电压的关系曲线在坐标纸上，并粘贴在实验报告上。用扫频仪测量调谐特性曲线并记录到坐标纸上，并粘贴在实验报告上。

4. 功放调幅波的观察

保持上述 3 的功放状态，调整 DDS 信号源的频率，使功放谐振，即使 TP03 点输出幅度最大。然后从 P02 输入音频调制信号，用示波器观察 TP03 的波形。此时该点波形应为调幅波，改变音频信号的幅度，输出调幅波的调制度应发生变化。改变调制信号的频率，调幅波的包络亦随之变化。记录实际观测的调幅波。改变调制信号的波形种类，分别记录正弦波、三角波、方波的调幅波到实验报告中的表 4-4-5 中。

第五章　综合实训

电路实训　电路安装工艺训练

一、实训任务

（1）完成简单的导线连接；

（2）安装一个实验室三相五线制配电箱；

（3）用电路设计 CAD 软件（或其他软件）设计电路图。

二、实训目的与要求

（1）掌握基本工具与仪表的使用；

（2）掌握基本剖削导线、导线连接与导线绝缘的恢复工艺；

（3）学会安装简单三相五线制配电柜；

（4）学会安装简单的室内照明系统；

（5）了解电路图纸的设计。

三、实训基础知识

1. 常用工具

1）螺丝刀

螺丝刀也称为起子，是用来旋紧或松开头部带沟槽（一字或十字）的螺丝钉的专用工具。它的工具部分用碳素工具钢制成，并经淬火硬化。

使用螺丝刀时应注意以下几点：

① 应根据旋紧或松开的螺丝钉头部的槽宽和槽形选用适当的螺丝刀；

② 不能用较小的螺丝刀去旋拧较大的螺丝钉；

③ 用十字螺丝刀旋紧或松开头部带十字槽的螺丝钉时，一定要注意头部的大小与深度要适当；

④ 不可用锤击螺丝刀手柄端部的方法撬开缝隙或剔除金属毛刺及其他的物体。

2）扳　手

扳手用于旋紧或松开外六角形的螺母，有开口尺寸与手柄长短不同规格。

常用的工具还有剥线钳，尖嘴钳，钢丝钳，斜口钳，电笔（验电笔），电工刀，木工刀，锤子，内六角扳手，梅花扳手，套筒扳手，电烙铁等。

2. 常用电工仪表的功能

（1）电度表：用于测量电能，即某段时间内所用的总能量多少。单位是千瓦时（kWh）。

（2）功率表：用于测量某时刻的功率大小，表示单位时间内所用电量多少。单位是瓦（W）

（3）万用表：可用于测量电阻、交直流电压、交直流电流等，一般情况下测量的交流与直流电流的大小范围较小，在 10 A 以内。

常用的电工仪表还有电流表、电压表、功率因数表、钳形表、单双臂电桥、绝缘电阻测试仪和接地电阻测试仪等。

3. 低压配电系统

低压配电系统的设计与安装要求符合《低压配电设计规范 GB50054—2011》国家标准。

1）强电与弱电

一般交流 24 V 以上为强电，24 V 以下为弱电。

2）高压与低压

电力系统中 36 V 以下的电压称为安全电压，1 kV 以下的电压为低压，1 kV 以上为高压，330 kV 以上为超高压。

3）低压配电系统的引线

我国 380/220 V 低压配电系统的电源广泛采用中性点直接接地的运行方式。其引出线有中性线（N）、保护线（PE）、保护中性线（PEN）、相线四种类型。

（1）中性线（N）与中性线的功能。

中性线是由配电系统电源的中性点引出的导线。有三个方面的功能：一是用来接额定电压为系统相电压的单相用电设备；二是用来传导三相系统中的不平衡电流和单相电流；三是减少负荷中性点的电位偏移。

（2）保护线（PE）与保护线的功能。

保护线是直接与大地相连接且接地电阻不大于 1 Ω 的导线，当保护线上有微小电流都会直接通向大地而不返回中性点。保护线又称"地线"，其功能是保障人身安全、防止发生触电事故。保护线的具体指标要求为交流配电系统安全地、设备工作地和总配线架防雷地应采用联合接地，且接地电阻不大于 1 欧姆。

（3）保护中性线（PEN）与保护中性线的功能。

保护中性线是同时就近接地与同时与中性点相接的导线，兼有中性线和保护线的功能，我国通常称为"零线"。

（4）相线（L）。

相线主要用于传输各类电气设备工作所需的电能，其中 A 相采用黄色线，B 相采用绿色线，C相采用红色线，中性线（或零线）采用蓝色线，保护线（地线）黄绿双色线。

4）TN低压配电系统

按接地方式不同，低压配电系统可分为TN系统、TT系统和IT系统，以满足不同用电设备与环境的要求。这里只简单介绍TN低压配电系统。

TN低压配电系统的电源（变压器或发电机）中性点直接接地，并引出一条中性线，将正常运行时不带电的电气设备的金属外壳经公共的保护线与电源的中性点直接电气连接，又称作接零保护系统。TN低压配电系统的主要特点是一旦设备出现外壳带电，接零保护系统能将漏电电流上升为短路电流，实际上就是单相对地短路故障，熔断器的熔丝会熔断，低压断路器的脱扣器会立即动作而跳闸，使故障设备断电，比较安全。另外TN系统节省材料、工时。

TN系统又可根据其中性线（N）与保护线（PE）是否分开，细分为TN-C系统、TN-S系统、TN-C-S系统。

（1）TN-S系统。

TN-S系统是把中性线（N）和专用保护线PE严格分开的供电系统，通常称为三相五线制系统，是目前低压配电系统的主要配电系统，如图5-1-1所示。这种系统的特点是保护线（PE）与电气设备金属外壳相接，正常运行时是没有电流的，对地没在电压，安全可靠，但是，保护线PE不许断线，也不许进入漏电开关。

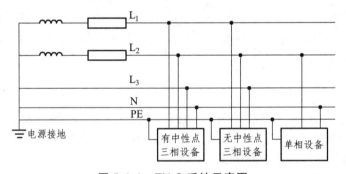

图5-1-1　TN-S系统示意图

（2）TN-C系统。

TN-C系统是用中性线（N）兼作保护线（PE），称作保护中性线（PEN），是一种三相四线供电系统。该系统的问题主要是当保护是中性线断路后，发生漏电时，所有系统内的设备都会出现外壳带电而导致触电事故。

（3）TN-C-S系统。

TN-C-S系统是TN-C系统与TN-S系统混合而成。

四、常用导线与低压断路器

1. 导　线

低压线路中常用带绝缘层的铜芯线（BV）和交联聚乙烯（PVC）绝缘护套线（YJB）的

电力线缆。选择导线截面应符合下列要求：线路电压损失应满足用电设备正常工作及启动时端电压的要求；按敷设方式及环境条件确定的导体载流量不应小于计算电流；一般情况下，中性线与保护线的截面积应等于相线的截面积。

一般绝缘铜芯导线的额定截面积（mm²）有 1.5、2.5、4、6……允许长期负载的电流：1.5 mm² 为 8 ~ 15 A、2.5 mm² 为 16 ~ 25 A、4 mm² 为 25 ~ 32 A、6 mm² 为 32 ~ 40 A 等。

2. 低压断路器

低压断路器旧称低压自动开关或空气开关，它既能带负荷通断电路，又能在短路、过负荷和低电压（或失压）时自动跳闸。当线路上出现短路故障时，其过流脱扣器动作，使开关跳闸；如出现过负荷，其串联在一次线路的加热电阻丝加热，使双金属片弯曲，也使开关跳闸；当线路电压严重下降或电压消失时，其失压脱扣器动作，使开关跳闸。在正常情况下可用于不频繁的接通和断开电路。

低压断路器分为万能式断路器（DW 系列）和塑料外壳式断路器（DZ 系列）两大类。

万能式断路器绝大部分都具有过载长延时、短路短延时和短路瞬动三段保护功能，能实现选择性保护，因此大多数主干线采用它作主开关。

塑料外壳式断路器是非选择型断路器，一般为瞬时动作，只作短路保护和过载长延时保护用。

3. 漏电保护器

漏电保护器可以按其保护功能、结构特征、安装方式、运行方式、极数和线数、动作灵敏度等分类，这里主要按其保护功能和用途分类进行叙述，一般可分为漏电保护继电器、漏电保护开关和漏电保护插座三种。

漏电保护继电器是指具有对漏电流检测和判断的功能，而不具有切断和接通主回路功能的漏电保护装置。漏电保护继电器由零序互感器、脱扣器和输出信号的辅助接点组成。它可与大电流的自动开关配合，作为低压电网的总保护或主干路的漏电、接地或绝缘监视保护。

漏电保护开关不仅与其他断路器一样可将主电路接通或断开，而且具有检测和判断漏电流的功能，当主回路中发生漏电或绝缘破坏时，漏电保护开关可根据判断结果将主电路接通或断开。它与熔断器、热继电器配合，可构成功能完善的低压开关元件。

漏电保护插座是具有漏电电流检测和判断功能并能切断回路的电源插座。其额定电流一般为 20 A 以下，漏电动作电流 6 ~ 30 mA，灵敏度较高，常用于手持式电动工具和移动式电气设备的保护及家庭、学校等民用场所。

五、基本技能训练

1. 导线绝缘层的剖削

（1）对于芯线截面面积为 4 mm² 及以下的塑料硬线绝缘层，一般用钢丝钳直接剖削。首先根据所需线头长度用钢丝钳刀口切割绝缘层，再用左手抓牢电线，右手握住钢丝钳钳头用力向外拉动即可成功。

（2）对于芯线截面面积大于 4 mm² 的塑料硬线绝缘层，可用木工刀（或电工刀）来剖削。首先根据线头长度用木工刀以 45° 角倾斜切入绝缘层至芯线位置，这时一定要注意用力适度，也可通过用左手大拇指推动刀背来控制力度。再使刀面与芯线保持 25° 左右，用力向线端推削，最后将向后翻起的塑料绝缘层用力齐根切去。

（3）对于塑料护套线，也可以用木工刀（或电工刀）来剖削。首先根据线头长度用木工刀刀尖沿芯线中间缝隙划开护套层，向后翻起护套层后齐根切去，再在距离护套层 5～10 mm 处剖削导线的塑料硬线绝缘层。

其他导线的剖削方法与上述方法基本相似。目前，有许多专用的剥线工具供选择。

2. 导线的连接

（1）单股铜线的直线连接（线径相近）：第一步，剖削好两线头，其长度为线径的 25 倍左右（对 1.5 mm² 的铜芯导线大约为 34 mm）；第二步，将两线头的芯线进行 X 形相交，互相紧密缠绕 2～3 圈；第三步，用力将两线头扳直；第四步，将每个线头围绕芯线紧密缠绕 6 圈；第五步，用钢丝钳把余下芯线切去。操作方式如图 5-1-2 所示。

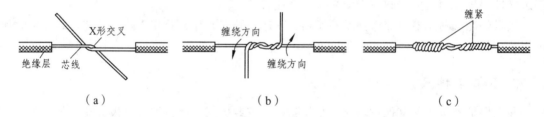

图 5-1-2　单股导线直线连接操作步骤分解示意图

（2）单股铜线的 T 字形连接：先将支路芯线的线头与干线芯线进行十字形相交，使支路芯线根部留出 3～5 mm，然后缠绕支路芯线到干线上 6～8 圈，切去余下芯线即可。操作方式如图 5-1-3 所示。

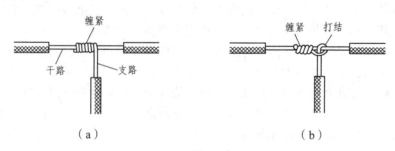

图 5-1-3　单股导线 T 字形连接操作步骤分解示意图

（3）螺钉压接法连接：这种种方法只适用于电流较小的导线连接，根据所需长度把导线的绝缘层去掉后，插入针孔中旋紧螺钉即可。如导线较细可将其折成双股；如是多股线，则需要将线头绞紧再接。

（4）螺钉平压法连接：在许多接线柱上进行导线连接时，常采用这一方法。首先将线头弯制成安装圈（俗称羊角圈），其弯曲的方向一定要与螺钉的旋紧方向相同，接入后拧紧螺钉即可。

3. 导线的绝缘恢复

导线绝缘层破损或完成连接后，一定要恢复绝缘，要求恢复后的绝缘强度不应低于原有的绝缘层。所用的材料通常是黄蜡带、涤纶薄膜带、黑胶带等，其宽度一般为 20 mm。

（1）直线连接接头的绝缘恢复：从导线一端的绝缘层上 2 倍胶带宽度处开始包缠，胶带与导线呈 55° 左右，每圈叠压带宽的一半以上。包缠到另一端的绝缘层的 2 倍胶带宽度处返回再包缠第二遍。包缠时一定要压紧。如图 5-1-4 所示。

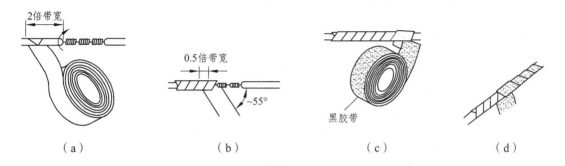

（a）　　　　　　　　（b）　　　　　　　　（c）　　　　　　　　（d）

图 5-1-4　直线连接接头绝缘恢复操作步骤分解示意图

（2）T 字形连接接头的绝缘恢复：如图 5-1-5 所示，用绝缘胶带按图示方向进行包缠两遍。

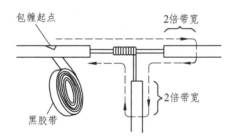

图 5-1-5　T 形连接接头绝缘恢复操作步骤示意图

六、实训内容

1. 不同类型的导线连接训练

（1）用 1.5 mm² 的铜芯线进行直接连接与 T 形连接，经老师验收后进行绝缘恢复。

（2）用 1.5 mm² 的铜芯线同 2.5 mm² 的铜芯线进行直接连接与 T 形连接，经老师验收后进行绝缘恢复。

2. 设计安装实验室三相五线制配电柜

（1）实验室有一台单相三匹空调；

（2）电脑 45 台，交换机柜 1 个；

（3）室内 12 支 30 W 日光灯；

（4）配电柜内三孔插座 1 个；

（5）每路负载用一个五孔插座盒代替。

请设计安装一个配电柜，并进行通电测试。

3．安装室内照明系统

（1）安装由一个 LED 灯与一个带声光控制的开关组成的照明系统。

（2）安装由日光灯与开关组成的照明系统。

4．设计电路图

用电路图设计软件（CAD 或 Visio）设计安装示意图 5-1-6 及对应的电路原理图（课前完成）。

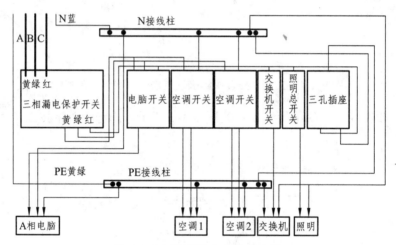

图 5-1-6　低压配电系统示意图

七、实训验收要求与评价标准

1．能正确完成导线连接

（1）剥削方法正确。

（2）直接时，X 形相交部分缠绕 2～3 圈紧密，两线头围绕芯线紧密缠绕 6 圈左右，没有多余的线头。T 形接法时，连接紧密。

（3）绝缘恢复方法正确，缠绕紧密，没有导体外露。

2．完成安装实验室三相五线制配电柜

（1）接线正确。

（2）导线的剥削长度合适，没有多余部分外露。

（3）导线的工艺美观，导线要用塑料扎带绑扎，扎带大小要合适，间距要均匀，一般为 100 mm。扎带扎好后，不用的部分要用钳子剪掉。

3. 安装简单室内照明系统

（1）接线正确。

（2）开关安装符合要求。

4. 完成电路图设计

（1）图纸正确。

（2）图纸符合规范。

模电实训　音频放大器的设计与实现

一、实训任务

（1）利用 Altium Designer 或其他软件画出整机电路原理图，弄懂电路的工作原理，并理清楚电路测试的方法。

（2）根据音频放大电路的工作原理分步安装并检查电路故障；

（3）在常用仪器设备的配合下，完成音频放大器电路主要性能指标的测量。

二、实训目的与要求

（1）通过音频放大器电路的安装与调试加深理解集成运算放大器在实际电路中的运用；

（2）学会分析电路故障和排除电路故障的方法；

（3）通过安装与测试，掌握电子设备整机的加工工艺要求、整机主要性能指标的基本测试方法等。

三、实训基础知识

1. 常用电子元器件及其选用

电子元器件是电子设备的组成部分，电子元器件的优劣直接影响电子设备的质量、性能，所以要掌握电子元器件的性能、特点、用途、选用等知识。常用的电子元器件有电阻器、电容器、电感器、二极管、三极管、场效应管、晶闸管、集成电路等。

1）固定电阻器

电阻器的主要作用是在电路中用来控制电流、分配电压。从结构形式上分有固定电阻器和可变电阻器（电位器）两大类。

（1）固定电阻器的分类。

按材料不同，主要分为碳质电阻器、碳膜电阻器和线绕电阻器等。

按用途不同，可分为精密电阻器、高频电阻器、高压电阻器、大功率电阻器、敏感电阻器和熔断电阻器等。

（2）固定电阻器的主要参数。

电阻器的主要参数有标称阻值、允许误差、额定功率、最高工作温度、最高工作误差、静噪声电动势、温度特性和高频特性等。选用电阻器时，一般只考虑标称阻值、允许误差和额定功率。其他几项参数，只在有特殊需要时才考虑。

标称阻值是指电阻器表面所标的阻值，是按国家规定的阻值系列标注的，标称阻值的表示方法有直标法、文字符号法和色标法。

直标法就是将电阻器的阻值和阻值误差直接打印在电阻器上，文字符号法是将文字、数字有规律地组合起来表示出电阻器的阻值与阻值误差，贴片电阻通常用直标法。

色标法就是用不同颜色的色环表示电阻器的阻值和阻值误差。色环法有四环和五环法两种。普通电阻器用四条色环表示，第1、2条色环表示电阻的第一、二位有效数字，第3条色环表示10的倍乘数，第4条色环表示允许误差。精密电阻器用5条色环表示，第1、2、3条色环表示第一、二、三位有效数字，第4条色环表示10的倍乘数，第5条表示允许误差（常用的为金、银二种颜色，放最右边）。色环的颜色规定见表5-2-1所示。

表 5-2-1　色环电阻各色环颜色与所表示的意义

色环颜色	银	金	黑	棕	红	橙	黄	绿	蓝	紫	灰	白	无
有效数字			0	1	2	3	4	5	6	7	8	9	
倍乘数	10^{-1}	10^{-2}	10^{0}	10^{1}	10^{2}	10^{3}	10^{4}	10^{5}	10^{6}	10^{7}	10^{8}	10^{9}	
允许误差	±10%	±5%		±1%	±2%			±0.5%	±0.2%	±0.1%			±20%

允许误差是指电阻器的实际阻值并不完全与标称阻值相符，存在着误差。实际阻值与标称阻值的差值除以标称阻值所得的百分数就是阻值误差。普通电阻器的阻值误差一般分为三级，即±5%、±10%、±20%，或用Ⅰ级、Ⅱ级、Ⅲ级表示。阻值误差越小，表明电阻器的精度越高。

额定功率是指在一定的环境温度和湿度下，长期连续工作所能允许消耗的最大功率。

（3）固定电阻器的选用。

对要求不高的电子电路，可选用碳膜电阻器。对整机质量、工作稳定性以及可靠性要求较高的电路，可选用金属膜电阻器。对于仪器、仪表电路应选用精密电阻器或线绕电阻器。但在高频电路中不能选用线绕电阻器。由于SMT技术的进步，目前优先使用贴片电阻。

所选用电阻器的额定功率不能过大，也不能过小。如果选用的额定功率超过实际消耗的功率太多，就势必要增大电阻的体积；如果额定功率低于实际消耗功率，就不能保证电阻器安全可靠地工作。一般情况下，所选用电阻器的额定功率大于实际消耗功率的2倍左右，以保证电阻器的可靠性。

电阻器的阻值误差选择。在一般电路中选用阻值误差为10%～20%的电阻器即可。在特殊电路中则根据要求选用。

（4）电阻器的代用。

大功率的电阻器可代换小功率的电阻器，金属膜电阻器可代换碳膜电阻器，固定电阻器与半可调电阻可以相互代替使用。

2）电位器（可调电阻器）

（1）电位器的分类。

按电阻体所用材料的不同，分为碳膜电位器、线绕电位器、金属膜电位器、碳质实心电位器、有机实心电位器和玻璃釉电位器等。

按结构的不同，分为单圈式、多圈式电位器，单联、双联电位器，带开关电位器，锁紧和非锁紧型电位器。

按调节方式的不同，分为旋转式电位器和直滑式电位器两种。其中旋转式电位器的滑动臂在电阻体上做旋转运动，单圈式、多圈式电位器就属于这种。

（2）电位器的参数。

除与电阻器相同的参数外，电位器还有如下一些参数。

阻值的变化形式，指电位器的阻值随转轴的旋转角度而变化的关系。变化规律有三种不同的形式，即直线式、指数式和对数式。

直线式电位器的阻值随转轴的旋转作均匀的变化，并与旋转角度成正比。也就是说阻值随旋转角度的增大而增大。这种电位器适于作分压、偏流的调整等。

对数式电位器的阻值随转轴的旋转作对数关系的变化。也就是说阻值变化一开始较大，而后变化逐渐减慢。

指数式电位器的阻值随转轴的旋转作指数规律变化。也就是说阻值变化一开始比较缓慢，以后随转角的加大阻值变化也逐渐加快。

（3）电位器的选用。

电位器的体积大小和转轴的轴端式样要符合电路的要求。如经常旋转调整的电位器选用铣平面式；作为电路调试用的电位器可选用带起子槽式。

电位器的阻值变化形式可根据用途而定。如偏流调整、分压控制及音量调节等可用直线式；音调控制可用对数式。

电位器在代用时应注意功率不得小于原电位器的功率，阻值可比原电位器的略大或略小，一般不超过 20%。

3）电容器

电容器是由两个平行金属极板中间夹一层绝缘电介质构成，是一种能储存电能的元件，在电路中主要用于耦合、交流旁路、滤波、谐振等。

（1）电容器的种类。

按结构可分为：固定电容器、半可变电容器、可变电容器；

按极性可分为：无极性电容器和有极性电容器；

按介质不同可分为：电解电容器、纸介电容器、气体介质电容器、液体介质电容器、有机薄膜介质电容器、陶瓷电容器、云母电容器、玻璃釉电容器、玻璃膜电容器等；

按用途可分为：高频电容器、低频电容器、高压电容器、低压电容器、耦合电容器、旁路电容器等。

（2）电容器的主要参数。

标称容量与允许误差：标称容量是指在电容器上标出的电容量值，允许误差是指电容器实际容量与标准容量之间的误差允许范围。

额定工作电压：电容器在规定的工作温度范围下，长期工作时所能承受的最大工作电压。常用固定电容器的额定工作电压有 1.6 V、4 V、6.3 V、10 V、25 V、40 V、63 V、100 V、125 V、160 V、250 V、400 V、500 V、630 V、1 000 V 等。

电容器其他的参数有绝缘电阻、漏电流、介质损耗、温度系数、频率特性等。

（3）电容器主要参数的标注方法。

直标法：在电容器表面直接用数字或字母标注出标称容量、额定电压等参数的标注方法。

字母和数字混合标法：数字表示有效数字，字母表示数字的量级，常用 m、u、n、p 等。

三位数字表示法：也称不标单位直接表示法，单位都是 pF。前两位是标称容量的有效数字，第三位表示有效数字后面零的个数，单位都是 pF，如 $102 = 10 \times 10^2$。这是贴片电容常用的标记方法。

（4）电容器的选用。

电容器种类的选择：在电源滤波、去耦电路中应选用电解电容器；在高频、高压电路中应选用瓷介电容器、云母电容器；在谐振电路中，可选用云母、陶瓷、有机薄膜介质等电容器；用作隔直流时，可选用纸介、涤纶、云母、电解电容器等；用在调谐回路中，可选用空气介质或小型密封可变电容器。

电容器耐压值的选择：电容器的额定直流工作电压应高于实际工作电压的 10%～20%，对工作电压稳定性较差的电路，可留有更大的余量，以确保电容器不被损坏和击穿。

容量误差的选择：对业余的小制作，一般不考虑电容器的容量误差。对于振荡、延时电路，电容器的容量误差应尽可能小，选择的容量误差应小于 5%。对于低频耦合电路中的电容器，其容量误差可以大些，一般选 10%～20% 就能满足要求。

（5）电容器的代用。

选购电容器时可能会买不到所需的型号或所需容量的电容器，或在维修时手头有的与所需的不相符合时，便要考虑代用。代用的原则是：电容器的容量基本相同；电容器的耐压值不低于原电容器的耐压值；对于旁路电容器、耦合电容器，可选用比原电容器容量大的电容器代用；在高频电路中的电容器，代用时一定要考虑其频率特性应满足电路的频率要求。

4）半导体二极管

（1）半导体二极管的分类。

按材料不同可分为锗二极管、硅二极管和砷化镓二极管等；

按用途可分为整流二极管、稳压二极管、检波二极管、发光二极管、开关二极管、光电二极管等；

按结构可分为点接触型二极管和面接触型二极管等。常见半导体二极管的外形如图 5-2-1 所示。

（2）半导体二极管的主要参数。

最大整流电流：二极管长期连续工作时，允许通过的最大正向平均电流。当电流通过 PN 结时，会引起结温升高，电流过大，热量超过规定值后会烧坏二极管，所以在使用时正向平均电流不能超过规定的最大整流电流值。

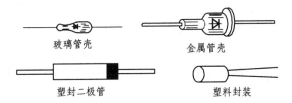

玻璃管壳　　　　　金属管壳

塑封二极管　　　　塑料封装

图 5-2-1　常见半导体二极管的外形

最大反向工作电压：二极管在正常工作时，保证二极管不被击穿所能允许通过的最高反向工作电压。二极管在使用时不允许超过这个数值，通常最大反向工作电压是反向击穿电压的 1/2～2/3，能保证二极管在使用中不会被损坏。

最大反向电流：二极管加最大反向工作电压时流过的电流值。反向电流太大，说明二极管的单向导电性能较差，并受温度影响大，所以二极管最大反向电流值越小越好。

最高工作频率：二极管能保证良好工作性能的最高频率。如果使用频率超过最高工作频率，二极管将不能正常工作。

（3）半导体二极管的选用。

实际工作中，应根据用途和电路的具体要求来选择半导体二极管的种类、型号及参数。选用检波二极管时，主要使其工作频率符合电路频率的要求，结电容小的检波效果好。常用的检波二极管有 2AP 系列，还可用 2AK 型锗开关二极管代用。坏了一个 PN 结的锗高频晶体管也能当检波二极管用，用发射结进行检波效果较好，因发射结结电容小。

整流二极管主要考虑其最大整流电流、最高反向工作电压是否能满足电路的需要，常用的整流二极管有 2CP、2CZ 系列。常用的硅桥式组合器件——硅整流组合管为 QL 型。

如果在修理电器装置时，原损坏的二极管型号一时找不到，可考虑代用。代换的方法是弄清原二极管的性质和主要参数，然后换上与其参数相当的其他型号的二极管。如检波二极管，代换时只要其工作频率不低于原型号的就可以；对整流二极管，只要反向电压和整流电流不低于原型号的就可以。

5）双极型晶体管

半导体晶体管可分为双极型晶体管（BJT）、场效应晶体管（FET）和光敏晶体管等。

（1）双极型晶体管的分类。

按结构分，有 NPN 型管和 PNP 型管；

按材料分，有锗管和硅管；

按工作频率分，有高频晶体管、低频晶体管和开关管；

按功率大小分，有大功率、中功率和小功率晶体管；

按封装形式分，有金属封装和塑料封装等。

（2）双极型晶体管的主要参数。

双极型晶体管的参数可分为直流参数，I_{CBO}、I_{CEO} 等，交流参数 β、f_T 等和极限参数 I_{CM}、$U_{(BR)CEO}$、 P_{CM} 三大类。

（3）双极型晶体管的选用。

根据不同的用途选用不同参数的晶体管。考虑的主要参数有：特征频率、电流放大系数、集电极耗散功率及最大反向击穿电压等。

根据电路的需要，选晶体管时，应使管子的特征频率 f_T 高于电路工作频率的 3～10 倍，但也不能太高，否则将引起高频振荡，影响电路的稳定性。

对于晶体管电流放大系数的选择应适中，一般选在 40～100 即可。β 值太低，将使电路的增益不够；如果 β 值太高，则将使电路的稳定性变差，噪声增大。目前已造出高稳定性、大 β 值的晶体管。

反向击穿电压 $U_{(BR)CEO}$ 应大于电源电压。

在常温下，集电极耗散功率应根据不同的电路进行选择。如选小了，则会因过热而烧毁晶体管，选大了会造成浪费。

2. 常用电子仪器的使用

在电子电路中经常使用的仪器仪表有数字万用表、交流毫伏表、示波器、信号发生器及数字频率计等。这些仪器仪表相互配合，可以完成电子电路静态和动态工作情况的测试。下面主要介绍其作用及使用注意事项。

1）数字万用表

数字万用表主要用于测量晶体管的静态工作点，集成电路外引线的电阻和直流电压，数字电路的高、低电平，电阻值，PN 结的好坏等。使用数字万用表首先应注意测试项目是电压、电流还是电阻，是直流电还是交流电等。使用时应注意：第一，根据被测对象把功能开关拨到相对应位置。第二，要注意量程，通常先用大量程再逐步减小。第三，直流电测量时应注意极性，红表笔接正，黑表笔接负。第四，电阻的测量，测量前应先将表笔短路，看阻值是否为零，若偏移零较大，说明表内电池电压不够，应换电池，否则测量阻值误差较大。其次，若在电路中测量时应首先切断电源，使被测电阻与电路断开。交流电压测量时，被测信号的频率一般为 50 Hz 较准。

2）交流毫伏表

交流毫伏表是专门用于测量正弦交流电压有效值的仪表，可以对正弦交流电压尤其是小信号交流电压（几毫伏或几十毫伏的电压）进行精确的测量，因此在进行小信号测试时往往使用交流毫伏表而不用误差较大的示波器。使用时应注意：第一，仪器接通电源而没有使用时，量程开关应该放在最高量程 300 V 位置。第二，交流毫伏表只适宜测量失真较小的正弦波电压。如果是有规律的非正弦信号，如三角波、矩形波等，只能利用示波器来进行波形的换算测量得到较精确的有效值。

3）示波器

示波器是一种观察与测量电信号波形的电子仪器，可通过波形计算被测信号波形的幅度、周期或频率；脉冲波的脉冲宽度、前沿后沿时间；同频率两周期性信号间的相位差和调幅波的调幅系数等各种参量。

4）信号发生器

低频信号发生器是最基本、应用最广泛的电子测量仪器之一。它负责提供被测量的电子电路所需要的各种电信号，即作为电路测试的信号源使用。使用时应注意：输出端看进去的输出阻值比较低，使用时应当特别注意不能有任何信号电流倒流入该仪器的输出端，以防止烧毁衰减器或其他部分。使用发生器时输出端不要短路，也不能接直流电源。

3. 音频放大器电路相关知识概述

1）音频信号的基本概念

音频信号是带有语音、音乐和音效的有规律的声波的频率、幅度变化信息载体。声音的三个要素是音调、音强和音色。

音调指的是声音的频率，声音细尖表示频率高，声音粗低表示频率低。人对声音频率的感觉表现为音调的高低。

音强指的是声音的音量，又称响度，反映了声音的大小和强弱。

音色体现声音听起来的优美程度。

人耳听觉的频率范围是指人耳对声音的感受范围，通常是 20 Hz ~ 20 kHz，低于 20 Hz 的属于次音波，人耳听不见。高于 20 kHz 的声属于超音波，人耳也听不见。

2）音频信号电路的组成、分类和性能指标

音频信号电路的作用是放大取自音源设备（如传声器、手机耳机、数码音频设备、CD/DVD 激光设备等）微弱的音频信号，以推动扬声器发出悦耳动听的声音。它由前置放大器和功率放大器组成。

（1）前置放大器。

前置放大器的作用是把微弱音频信号放大至功率放大器所能接受的输入范围，并进行各种音质控制，以美化声音。它包括输入电路、音调控制和音量控制电路、前置放大电路。它的主要性能有失真度、信噪比、频率响应、转换速率、输入阻抗和动态范围等。

输入电路：对微弱的输入信号进行缓冲放大及隔离，避免负载与信号源之间的影响。

音调控制电路：通过对声音某部分频率信号进行提升或者衰减，使整个声场更加符合听音者对听觉的要求。一般音响系统中设有低音调节和高音调节两个旋钮，用来对音频信号中的低频成分和高频成分进行提升或衰减。比较高档的音响设备采用多频段频率均衡方式，以达到更细致地校正频响的效果。

常用的音调控制电路有 RC 衰减式、RC 负反馈式、RC 衰减负反馈式三类。RC 衰减式音调控制器是由电阻电容等无源元件构成，它通过改变电路的时间常数来控制某个频段的衰减量或提升量。反馈式音调控制器是 RC 网络接在放大器的反馈电路中，通过调节反馈网络的时间常数，改变某频段的反馈量，使放大器相应频段的增益随之增减来达到音调控制目的。

音量控制电路：音量控制电路用来调节输出电平的大小，以获得不同的音量。音量控制电路主要有衰减式音量控制电路和电子式音量控制电路两种。衰减式音量控制电路是利用电位器直接调节从前置放大器输入到功率放大器的信号输入量。电子式音量控制电路是通过改变放大器电路的反馈深度，控制前置放大器的电路增益，从而获得不同的输出量。

（2）功率放大器。

功率放大器的作用是把前置放大器输出的音频电压信号进行功率放大，以推动后接的扬声器发出声音。它包括推动级和输出级。

功率放大器按其输出级与扬声器的连接方式不同可分为：变压器耦合输出电路、OTL 电路、OCL 电路、BTL 电路；按功率管的偏置或工作状态不同可分为：甲类、乙类、甲乙类、丙类和丁类；按所用的放大器件不同可分为：电子管、晶体管和集成电路功率放大器。

功率放大器的性能指标包括：输出功率、频率响应、失真度、信噪比、输出阻抗、阻尼系数等。以输出功率、频率响应、失真度三项指标为主。

4. 单声道音频信号放大电路分析

单声道音频信号放大电路的方框图如图 5-2-2 所示，主要由前置放大电路、功率放大电路和电源电路组成。

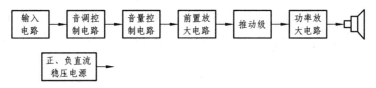

图 5-2-2　音频信号放大电路的方框图

1）前置放大电路

前置放大电路的作用是将微弱的音频信号（mV 级）放大到功率放大器所能接受的输入范围，可采用分立元件组成，也可用集成电路组成。如图 5-2-3 所示，为用运算放大器构成的前置放大电路。它主要由电压跟随器（IC_1）、RC 衰减负反馈式音调控制电路（IC_2）、等响度音量控制电路、前置放大器（IC_3）组成。

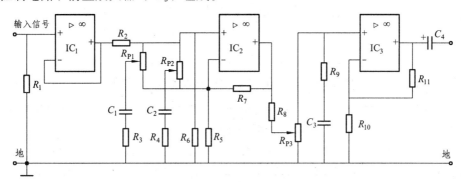

图 5-2-3　前置放大电路

由集成运放 IC_1 构成的电压跟随器作为输入级，它具有输入阻抗高、输出阻抗低的特点。达到了比较好的阻抗匹配，同时大大减轻音源设备的负载，输入灵敏度优于 50 mV。

RC 衰减负反馈式音调控制电路由 R_{P1}、C_1 和 R_3 组成低音衰减电路，R_{P1} 为低音控制电位器。R_{P2}、C_2 和 R_4 组成高音衰减电路，R_{P2} 为高音控制电位器。IC_2 集成运算放大器对低音信号和高音信号的放大倍数受负反馈量大小的控制，负反馈网络由 R_7、R_5、R_{P1}、C_1、R_3、R_{P2}、C_2 和 R_4 组成。调整电位器 R_{P1} 和 R_{P2} 就可以改变低音或高音的衰减量和负反馈量，实现音调控制的目的。

设 $R_{P1} = 5\ k\Omega$，$C_1 = 1\ \mu F$，$R_3 = 180\ \Omega$，$R_{P2} = 5\ k\Omega$，$C_2 = 10\ nF$，$R_4 = 180\ \Omega$，根据简化后的公式 $R = \dfrac{1}{2\pi fC}$，得 $f = \dfrac{1}{2\pi RC}$。

调 R_P 电位器，低音衰减范围的理论计算为 30 ~ 884 Hz，高音衰减范围的理论计算为 3 ~ 88.4 kHz。

等响度音量控制电路是为了克服人耳对较低频率声音听觉灵敏度较差的特点而设置的。在音量较小时通过 C_3 和 R_9 将中、高音频信号衰减，使高、中、低音频输出信号电平基本接近，即可满足听音感觉。R_{P3} 是音量控制电位器。

前置放大器电路中,选择 $R_7 = 10 \text{ k}\Omega$、$R_5 = 2 \text{ k}\Omega$ 时,IC$_3$ 的电压放大倍数 $A_V = 1 + \dfrac{R_7}{R_5} = 6$。

2)集成功率放大器

采用的 LM386 是一个低电压通用型集成功率放大器,其封装形成为 8 脚双列直插式塑料封装。其内部电路如图 5-2-4 所示,主要由输入级、中间级和输出级组成,图 5-2-5 所示为引脚功能图。

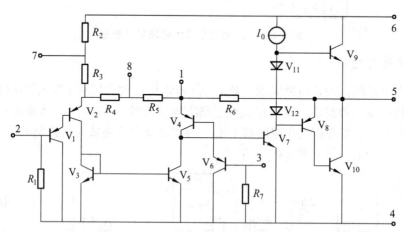

图 5-2-4 LM386 集成功率放大器内部电路图

输入级由 V$_2$、V$_4$ 组成双端输入单端输出的差分放大电路,V$_3$、V$_5$ 是其恒流源负载,V$_1$、V$_6$ 是为了提高输入电阻而设置的输入端射极跟随器,R_1、R_7 是偏置电阻,该级的输出取自 V$_4$、V$_5$ 的集电极,R_5 是差分放大电路的发射极负反馈电阻,管脚 1、8 开路时负反馈最强。整个电路的电压放大倍数为 20 倍。若在 1、8 间外接旁路电容,以短路 R_5 两端的交流压降,可使电压放大倍数提高到 200,在实际应用中通常用 RP 和 C 串联,调节 RP 使功放的电压放大倍数在 20 ~ 200 之间。

中间级由 V$_7$ 和其集电极恒流源(I_0)负载构成共发射极放大电路,作为驱动级。

输出级由 V$_8$、V$_{10}$ 复合等效为 PNP 管,它与 NPN 管 V$_9$ 组成准互补对称功放电路,二极管 V$_{11}$、V$_{12}$ 为 V$_8$、V$_9$ 提供静态偏置,以消除交越失真,R_6 是级间电压串联负反馈电阻。

典型的应用电路,如图 5-2-6 所示。主要参数有直流电源电压范围 4 ~ 12 V,额定输出功率为 660 mW,带宽 300 kHz(管脚 1、8 脚开路),输入阻抗 50 kΩ。

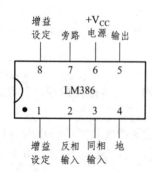

图 5-2-5 引脚与功能图

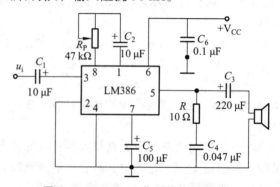

图 5-2-6 LM386 典型的应用电路图

192

外围元件作用：C_3 为功放输出电容，与集成块内部构成 OTL 电路，耦合信号并相当于二分之一电源作用。R、C_4 是频率补偿电路，用以抵消扬声器音圈电感在高频时产生的不良影响，改善功率放大电路的高频特性和防止高频自激。输入信号经 C_1 耦合，从同相端输入，反相端接地。R_P 和 C_2 串联在集成块的 1、8 脚之间，调节 R_P 使功放的电压放大倍数在 20～200 之间。7 脚外接电容 C_5 实现电源退耦。

5. 集成稳压电源电路

如图 5-2-7 所示。

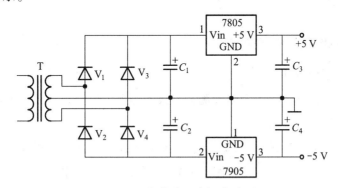

图 5-2-7　集成稳压电源电路图

6. 电路的安装与测试方法

1）各模块电路安装与调试方法

（1）根据电路图的参数要求清点元器件，主要核对元件的数量、型号和规格，用万用表对元器件逐一检查是否符合要求。

（2）分成三个模块分别安装，每安装好一个模块都要检查电路的安装是否正确。

集成稳压电源：输出 ±5 V 直流电源。

集成功率放大器：输入端加 1 kHz 的正弦波信号，用示波器监视输出波形，在波形不失真的情况下，调节 1、8 脚之间的电位器，功放电路增益应在 20～200 之间变化。

前置放大电路：在输入信号幅值一定、波形不失真的情况下，调节输入信号的频率，分别观察高频、低频信号的衰减频率点，并分析与理论计算值是否相符。当输入信号为 1 kHz 时，调节音量电位器，电压放大倍数应小于 20 倍。

最后将前置放大电路和功率放大电路连接起来，就组成单声道音频信号放大电路。

2）音频放大电路整体性能指标的测试方法

输出端接 8 Ω /0.5 W 的扬声器负载，输入端加低频信号发生器，测试如下性能指标：

（1）额定输出功率 P_{om}（最大不失真输出功率）。

输入端加频率为 1 kHz 幅值为 5～10 mV 的正弦波信号，音调控制电位器 R_{P1} 和 R_{P2} 置最上端，逐渐调整音量控制电位器 R_{P3}，用示波器观察输出波形无明显失真，直到输出最大，调整失真度测量仪，测量失真度应 ≤0.5%，若不符合要求，逐步调小 R_{P3}，使失真度达到要求。用交流毫伏表测得输出电压即为额定输出电压 U_o，它的平方除以负载电阻即得额定输出功率。

（2）输入灵敏度 U_i 。

额定输出功率时，用交流毫伏表测得输入信号电压的值 U_i 。

（3）信噪比 S 。

去掉音频信号，晶体管毫伏表测得输出电压即为噪声输出电压 U_N 。信噪比 $S = 20 \lg \dfrac{U_o}{U_N}$ ，单位是分贝。

四、实训内容

1. 各模块电路的安装与检测

（1）根据实验原理设计各元器件型号与参数，画出完整电路图。

（2）分类清理元器件，并用万用表测量二极管和电位器的好坏，电容器是否短路，电阻的参数是否符合设计要求。

（3）分三个模块进行连接、调试与测量。检查电路的连接是否正确，及时排除故障。

（4）若各模块电路都正常，按电路图的要求连接成一个完整的音频放大电路。

2. 音频放大电路主要性能指标的测试

（1）检查信号通路是否正常：输入端接低频信号发生器，使其输出 5～10 mV 和频率为 1 kHz 的正弦波信号，用示波器监视输出波形，不断调节输入端信号的大小和音调、音量电位器，观察不失真输出信号的电压调节范围。

（2）主要性能指标的测试：额定输出功率、输入灵敏度、信噪比、最大输出功率。

五、实训验收要求与评价标准

1. 各模块电路安装的要求（65 分）

（1）要有完整的电路安装原理图；

（2）分类清理元器件，有元件清单；

（3）集成稳压电源输出直流电压稳定在 ±5 V 上。

（4）集成功率放大器，波形不失真，调节电位器电压增益在 20～200 之间。

（5）前置放大电路，波形不失真，调节音调、音量电位器，电压放大倍数小于 20 倍。

2. 排除故障（10 分）

（1）利用仪器设备，正确地判断故障部位。

（2）检修思路正确，方法运用得当，排除故障。

3. 音频放大电路的调试（25分）

（1）仪器设备的连接与读数：仪器设备的连接正确，加信号无失真测量最大动态范围。

（2）测量主要性能指标。

4. 评价标准

（1）各模块的布局是否合理，结构是否紧凑。

（2）连线正确，查找故障方便。

（3）仪器仪表的正确连接。

（4）测量方法正确，仪表读数准确。

数电实训 四路智力竞赛抢答装置设计与实现

一、实训任务

（1）设计一个由触发器电路、时钟脉冲电路、控制锁存电路与 LED 显示电路组成的基本四路抢答器。所有电路均在电子技术实验台上用导线进行连接，实现相应的功能。

（2）设计编码、译码与数码显示电路，实现对选手编号 1、2、3、4 的直接显示。

（3）设计 9 s 定时器及显示电路，实现从 9 倒计时到 0 的计数、译码和显示，并报警。

二、实训目的与要求

（1）能应用逻辑门芯片设计与实现简单的数字控制电路。

（2）能运用组合逻辑专用芯片实现编码、译码及显示功能。

（3）能用触发器芯片实现数据传输与锁存功能，运用时序电路实现计数器功能。

（4）掌握用逻辑门电路与 555 芯片实现多谐振荡器，产生时序信号的设计方法。

三、实训设计思路介绍

四路抢答器功能设计分为基本电路功能与扩展电路功能两部分。智力竞赛抢答装置参考框图如图 5-3-1 所示。

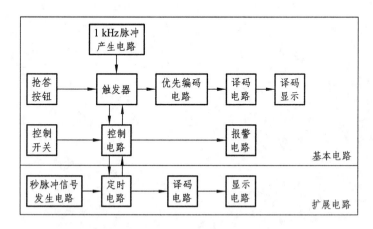

图 5-3-1 智力竞赛抢答装置参考框图

1. 四路抢答器基本电路的设计

四路抢答器基本功能的设计与实现可以参考图 5-3-2 所示电路。由触发器电路、时钟电路和控制电路组成。输出用 4 个 LED 灯显示，抢答用逻辑开关实现。

触发器可选用 74LS175 集成芯片，它是一个 4 D 触发器，即 4 个独立的 D 触发器组成。上升沿触发，特性方程为 $Q_x^{n+1} = D_x$，$\overline{R}_D$ 为 4D 触发器的置零端，若该脚输入一个低电平，输出 $Q_4 \sim Q_1$ 全为 "0"。

时钟信号由 1 kHz 脉冲产生电路提供，在与非门的控制下为 D 触发器提供时钟信号。

控制电路应该有四输入与非门、二输入与非门和非门各一个，可自行选用集成芯片。

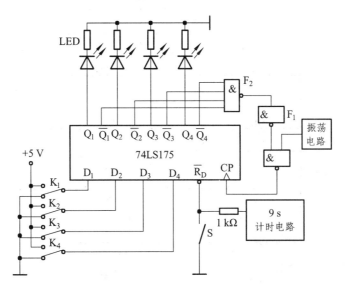

图 5-3-2 四人抢答器基本电路原理参考图

2. 四路抢答器基本功能的实现

（1）抢答功能：当电路允许抢答后，最先按动抢答按钮的任意一选手将抢答成功。定义四位选手的对应编号为 1、2、3、4，用逻辑开关接通一下高电平代表抢答操作。当逻辑开关置高电平且时钟脉冲的上升沿到来时，对应的 D 触发器 Q 输出端输出高电平，用四路 LED 灯显示结果。

（2）锁存功能：当抢答成功后，触发器和控制电路立即锁存抢答者的对应编号。四位选手对应的编码为四位二进制码 $Q_4Q_3Q_2Q_1$，分别是 0001、0010、0100、1000。

由于四个 $\overline{Q}$ 输出端接在与非门 F_2 的输入端，当其中的任意一个 $\overline{Q}$ 变为 "0" 时，输出电平立即由 "0" 到 "1"，F_1 与非门输出电平由 "1" 到 "0"，通过与非门将时钟信号封死，CP 脉冲输入的电平将变为 "1"，并保持不变，不会有时钟脉冲信号出现。当其余三个抢答者再抢答时，D 触发器不能触发，四个 Q 输出端不变，实现输入信号的锁存。

当复位端 $\overline{R}_D$ 变为低电平时，四个 Q 输出端变为 "0"，四个 $\overline{Q}$ 输出端变为 "1"，将锁存信号清除，同时通过控制信号将时钟信号开放，加到 CP 端，做好触发准备。

3. 编码、译码、显示电路的设计

用 LED 灯虽然可表示某个选手抢答，但不直观，用数码管直接显示抢答者的编号。编码、译码、显示电路参考电路图如图 5-3-3 所示。

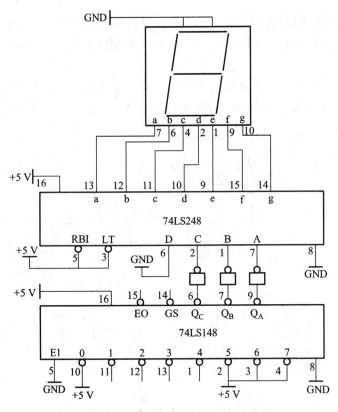

图 5-3-3　编码、译码、显示电路

1）编码器电路的设计

由 4D 触发器 74LS175 的四个输出端 $Q_4Q_3Q_2Q_1$ 与 8 线 3 线优先编码器 74LS148 的 8 个输入端中的 $\overline{I_4}\,\overline{I_3}\,\overline{I_2}\,\overline{I_1}$ 四个输入相连（对应的引脚为 1、13、12、11，另外四个输入端对应的引脚为 2、3、4、10 均接高电平），优先编码器 74LS148 输入使能端 EI（5 脚）接地，输出使能端 EO（15 脚）和优先编码工作状态标志 GS（14 脚）均可悬空或接高电平，16 脚接电源，8 脚接地。对抢答者进行编码，通过 $Q_CQ_BQ_A$ 以反码输出（对应的引脚为 6、7、9）。四位抢答者的编码输出（以反码输出）分别为 110，101、100、011。具体的引脚与连接方式见表 5-3-1。

表 5-3-1　编码器 74LS148 各引脚的连接方式

编号（功能）	1（$\overline{I_4}$）	2（$\overline{I_5}$）	3（$\overline{I_6}$）	4（$\overline{I_7}$）	5（EI）	6（Q_C）	7（Q_B）	8
连　接	Q4	+5V	+5V	+5V	地	输出	输出	地
编号（功能）	9（Q_A）	10（$\overline{I_0}$）	11（$\overline{I_1}$）	12（$\overline{I_2}$）	13（$\overline{I_3}$）	14（GS）	15（EO）	16
连　接	输出	+5V	Q1	Q2	Q3	空	空	电源

2）反码电路的设计

由于优先编码器 74LS148 是反码输出，所以要用三个非门对编码结果进行取反。常用的六非门芯片有 74LS04，当然也可用三非门芯片。

198

3）译码电路的设计

译码芯片可选择 74LS248，它是 BCD 七段译码器/驱动器，由与非门、输入缓冲器和 7 个与或非门组成。输出是高电平有效，内部有上拉电阻，可直接驱动共阴极数码管。

四个信号输入端中 CBA（分别为 2、1、7）与三个非门的输出相连，第四个输入信号端 D（6 脚）直接接地。

输出端为 a\b\c\d\e\f\g 与共阴数码管对应于的 8 个段相连（对应的引脚为 13、12、11、10、9、15、14）。

试灯输入（$\overline{\text{LT}}$）端（3 脚）接高电平，灭灯输入/动态灭灯输出（$\overline{\text{BI}}/\overline{\text{RBO}}$）端（4 脚）悬空，动态灭灯输入（$\overline{\text{RBI}}$）端（5 脚）接高电平。16 脚接电源，8 脚接地，具体的引脚与连接方式见表 5-3-2。

表 5-3-2　BCD—七段译码器/驱动器 74LS248 各引脚的连接方式

编号（功能）	1（B）	2（C）	3（$\overline{\text{LT}}$）	4（$\overline{\text{BI}}/\overline{\text{RBO}}$）	5（$\overline{\text{RBI}}$）	6（Q_C）	7（A）	8
连　接	Q_B	Q_C	+5V	空	+5V	地	Q_A	地
编号（功能）	9（e）	10（d）	11（c）	12（b）	13（a）	14（g）	15（f）	16
连　接	显 e	显 d	显 c	显 b	显 a	显 g	显 f	电源

4. 振荡电路的设计

系统需要产生两种频率的脉冲信号，一种是频率为 1 kHz 的脉冲信号，用于触发器的 CP 信号。另一种频率为 1 Hz 的信号用于计时电路。

1）用门电路构成多谐振荡器

如图 5-3-4 所示，振荡脉冲可由门电路加电阻电容产生。调节 R 的值，可以实现频率的变化，振荡周期 $T = 1.4RC$，频率为 $f = \dfrac{1}{1.4RC}$。1 kHz 脉冲信号可参照图 5-3-4 实现。

2）用 555 定时器构成多谐振荡器

用 555 定时器构成多谐振荡器也可以产生振荡脉冲，如图 5-3-5 所示。振荡频率为

$$f = \frac{1.43}{(R_1 + 2R_2)C}$$

按照公式，R_1、R_2 取 47 kΩ，电容取 10 μF，即可实现秒脉冲信号。电容取 0.01 μF 即可实现 1 kHz 的脉冲信号。

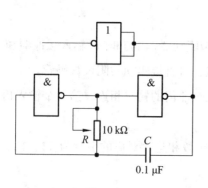

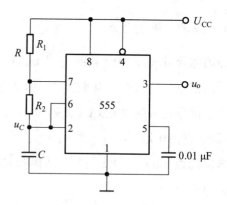

图 5-3-4　由门电路构成的多谐振荡器

图 5-3-5　555 定时器构成多谐振荡器

5. 9 s 倒计时电路的设计

计时电路可由加法计数器 74LS161 或十进制可逆计数器 74LS192 实现。前者可实现 16 进制内的任意进制设计，后者为专门的十进制电路。

1）由加法计数器 74LS161 实现 9～0 倒计数

参考电路如图 5-3-6 所示。预置数据输入端为 $D_3D_2D_1D_0 = 0110$（对应于 6、5、4、3 脚）；数据输出端为 $Q_3Q_2Q_1Q_0$（对应于 11、12、13、14 脚）；CP 为时钟输入端。

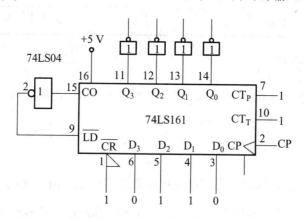

图 5-3-6　9 s 倒计时电路

置数 $D_3D_2D_1D_2 = 0110$ 时，输出端为 $Q_3Q_2Q_1Q_0 = 0110$，计数器就会从 0110 开始计数，即 $0110 \rightarrow 0111 \rightarrow 1000 \rightarrow 1001 \rightarrow 1010 \rightarrow 1011 \rightarrow 1100 \rightarrow 1101 \rightarrow 1110 \rightarrow 1111 \rightarrow 0110$，经过 10 个脉冲后又回到 0110，利用当计数到"1111"状态时，进位端（15 脚）CO 为 1 输出，通过反相器接到并行置数使能端（9 脚）$\overline{LD}$，使 $\overline{LD} = 0$ 计数器又回到置数值"0110"状态，从而完成十进制计数器这一功能。

由于计数器输出的 $Q_3Q_2Q_1Q_0$ 分别对应的十六进制数为 6～F，必须对输出进行取反，变换为 $1001 \rightarrow 1000 \rightarrow 0111 \rightarrow 0110 \rightarrow 0101 \rightarrow 0100 \rightarrow 0011 \rightarrow 0010 \rightarrow 0001 \rightarrow 0000 \rightarrow 1001$，即实现 9～0 倒计数。直接接译码显示电路进行数字显示。

$\overline{CR}$ 为异步清零端，低电平有效，通过一个 1 kΩ 的电阻与基本抢答器的开始开关相连

（参考图 5-3-2）实现同时倒计时器同步启动。CT_P 与 CT_T 为计数使能端，均接高电平，使 74LS161 处于计数器状态。

2）由 74LS192 实现 9～0 倒计数

（1）74LS192 芯片简介。

74LS192 是同步十进制可逆计数器，它具有双时钟输入，并具有清除和置数等功能，其引脚排列及逻辑符号如图 5-3-7 所示，功能表如表 5-3-3 所示。

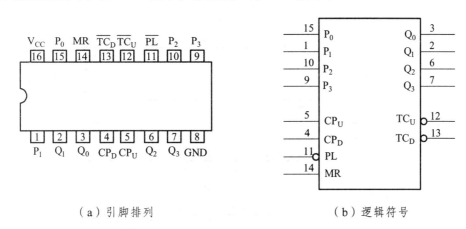

（a）引脚排列　　　　　　　　　　（b）逻辑符号

图 5-3-7　74LS192 的引脚排列及逻辑符号

在图 5-3-7 中，P_0、P_1、P_2、P_3 为计数器置数输入端，Q_0、Q_1、Q_2、Q_3 为数据输出端。$\overline{PL}$ 为置数控制端，低电平的效；CP_U 为加计数时钟输入端，CP_D 为减计数时钟输入端，$\overline{TC_U}$ 为非同步进位输出端，$\overline{TC_D}$ 为非同步借位输出端，MR 为清除端。

表 5-3-3　74LS192 功能表

输入								输出			
MR	$\overline{PL}$	CP_U	CP_D	P_3	P_2	P_1	P_0	Q_3	Q_2	Q_1	Q_0
1	×	×	×	×	×	×	×	0	0	0	0
0	0	×	×	d	c	b	a	d	c	b	a
0	1	↑	1	×	×	×	×	加计数			
0	1	1	↑	×	×	×	×	减计数			

（2）实现 9～0 倒计时功能的电路设计。

参考电路如图 5-3-8 所示。其中 74LS192 的第 4 引脚（减计数引脚）接 555 定时器的输出 u_o（由 555 定时器产生秒脉冲），555 定时器每 1 秒钟产生 1 次脉冲（上升沿），74LS192 可逆计数器实现减 1，由于 74LS192 的输出为反码，可直接连接 BCD 七段译码器/驱动器 74LS248，驱动七段共阴数码管，实现 9～0 秒倒计时显示功能。

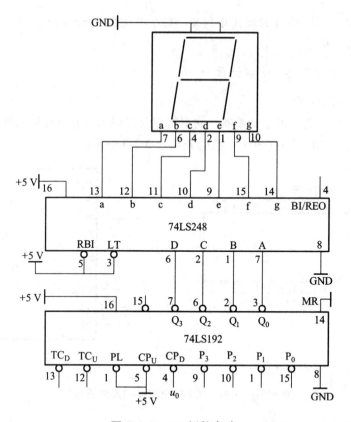

图 5-3-8 9 s 倒数电路

四、实训内容

1. 设计并实现基本的抢答功能

1）完成基本抢答功能电路的设计图

设计的基本方案是：

（1）用门电路构成的多谐振荡器电路产生 1 kHz 时钟信号。

（2）用四路 D 触发器进行触发。利用逻辑开关代替抢答按钮，相应选手的 LED 管点亮作为抢答成功。

（3）用与非门组成的逻辑控制电路实现锁存功能。

2）电路的连接与功能的实现

（1）分别连接时钟信号模块、D 触发器模块、逻辑控制锁存模块。

（2）分别测试时钟脉冲信号、触发器抢答功能（时钟信号直接接入）、逻辑控制电路的锁存功能。

2. 设计并实现对抢答组编号的编码、译码、显示功能

1）设计并画出完整的电路

（1）用 8 线-3 线编码芯片 74LS148，对抢答结果进行二进制编码。

编码输入端为 $\overline{I_4}\,\overline{I_3}\,\overline{I_2}\,\overline{I_1}$，输出端为 $Q_C Q_B Q_A$，将输入端的 $\overline{I_4}\,\overline{I_3}\,\overline{I_2}\,\overline{I_1} = 0001$、0010、0100、1000，编译成三位二进制数 $\overline{Q_C}\,\overline{Q_B}\,\overline{Q_A} = 110$、101、100、011（注意芯片的实际输出为反码 $\overline{Q_C}\,\overline{Q_B}\,\overline{Q_A}$）。

（2）选择一种非门集成芯片对 $\overline{Q_C}\,\overline{Q_B}\,\overline{Q_A}$ 信号进行取反。画出逻辑芯片的引脚功能图，并标示出输入与输出的对应关系。

（3）运用 74LS248 芯片作为 BCD 七段译码器/驱动器实现译码功能。输入端为 $DCBA = 0001$、0010、0011、0100，对应于 1、2、3、4 位选手。

（4）显示采用共阴七段数码管。

2）电路的连接与功能测试

（1）参考表 5-3-1，5-3-2，按编码、取反、译码、显示的次序将各集成芯片连接好。

（2）用 LED 发光管测试编码输出结果是否正确。

（3）分别对第 1、2、3、4 组进行抢答，验证数码管是否显示为 1、2、3、4。

3. 设计与实现 9 s 倒计时与报警

（1）用 555 定时器电路设计一个秒脉冲电路，用示波器观察波形（也可用 LED 灯）。

（2）用十进制可逆计数器 74LS192 实现 9 s 倒计数功能，用逻辑开关进行置数：$P_3 P_2 P_1 P_0 = 0110$。秒脉冲接到减计数时钟输入 CP_D（4 脚）。$\overline{TC_D}$ 为非同步借位输出端，可与蜂鸣器相连。MR 为清除端，通过一个 1 kΩ 电阻与基本抢答电路的开始抢答按钮相连。参考图 5-3-1 所示虚线框部分。

（3）译码与显示电路的设计与上面方案相同。

此部分完成的功能是当主持人按下开始抢答按钮后，进行 9 s 倒计时。当有人抢答时，计时停止。当计时时间到，仍无组别抢答，则蜂鸣器发出声音报警，表示"时间已到"取消抢答权，主持人清零后开始新一轮抢答。

高频实训　调频收音对讲机的安装与调试

一、实训任务

（1）焊接并安装好调频收音对讲机；

（2）完成调频收音现场调试，能够实现收音功能；

（3）利用 Altium Designer 软件画出电路原理图，两组同学进行对讲通话测试。

完成任务：（1）的满分为 30 分，（1）＋（2）的满分为 70 分，（1）＋（2）＋（3）的满分为 100 分。

二、实训目的与要求

（1）通过收音对讲机的安装与调试，加深对高频知识的理解；

（2）增强理论联系实践的能力；

（3）掌握调频收音对讲机的工作原理和系统调试方法；

（4）进一步学会仪器和工具的应用。

三、实训基础知识

1. 锡焊技术

锡焊技术是电子工艺的基本操作技能之一，通过焊接练习，使我们熟练掌握电烙铁的正确使用方法，熟悉不同元器件的焊接方法，要求焊点不仅位置正确，还要牢固可靠，形状整洁美观。并能够正确掌握对各种焊接错误（如锡量过少致使接触不良、不牢固，锡量过多导致短路等）的修正方法。

1）焊接阻容类贴片元件

阻容类元件采用点焊方式，焊接方法示意图如图 5-4-1 所示。

2）焊接贴片 IC

焊接 IC 时，先将 IC 按正确脚位顺序摆放在 PCB 板上，然后先焊接两个脚固定好 IC，再采用拖焊方式将 IC 焊接在板上，拖焊方式焊接示意图如图 5-4-2 所示，短路的引脚用烙铁和吸锡器去除多余的锡。

图 5-4-1　点焊方式焊接示意图

图 5-4-2　拖焊方式焊接示意图

3）焊接直插元件

焊接晶振、直插元件、LCD 等直插元件时，要注意是否存在虚焊，焊点要小，焊接方式如图 5-4-3 所示。

图 5-4-3　直插元件焊接示意图

2. 常用仪表的功能

1）万用表

万用表主要用于静态测试，测量晶体管的静态工作点，集成电路外引线的直流电压，数字电路的高、低电平。使用万用表应注意：第一，测试项目是电压、电流还是电阻，是直流还是交流，应把功能开关放在相应位置。第二，量程通常先用大量程再逐步减小。第三，直流测量时注意极性，红表笔为正，黑表笔为负。第四，电阻测量时，黑表笔为正端，测量前先将表笔短路调零点。

2）示波器

示波器主要用于观察波形，也可以粗略测量正弦波的幅度、频率等。

3）信号发生器

电路在动态测试时，信号发生器给电路提供外加信号。使用发生器时应注意输出不要短路，使用脉冲信号发生器时输出还不得空载，不使用时输出端应置于内负载上。

3. 调频收音对讲相关知识概述

1）调　频

频率调制，简称调频（FM），就是使载波的瞬时频率随调制信号的规律而变化。与调幅不同，调频时，载波电压振幅不变。调频广播具有抗干扰性能强、声音清晰等优点，获得了快速的发展。调频收音电台的频带通常为 200～250 kHz，其频带宽度是调幅电台的数十倍，便于传送高保真立体声信号。调频可以将音频信号的频率范围扩大至 30～15 000 Hz，使音频信号的频谱分量更为丰富，声音质量大为提高。

调频波的频率跟随信号的变化规律而改变。即当调制信号幅度最大时，调频波最密、频率最大；而当调制信号负的绝对值最大时，调频波最稀，频率最低。图 5-4-4 为调频信号波形示意图。

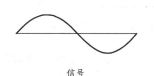
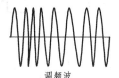

信号　　　　　　　　　　载波　　　　　　　　　　调频波

图 5-4-4　调频信号波形示意图

2）调频接收发射原理

无线电接收和发射是高频电子线路的综合应用，是现在通信系统、广播与电视系统、警报系统、遥控系统、雷达系统、电子对抗系统、无线电制导系统等必不可少的核心设备。无线电收发系统可以分为调频（FM）、调幅（AM）、调相（PM）以及它们的组合调制系统。实现三种调制方式可以采用模拟调制也可以采用数字调制。以 FM 收音对讲机为例，其接收发射的原理框图如图 5-4-5 所示，发射部分电路采用本级振荡经调制差频后中频发射。接收部分采用相干解调方式放大输出。

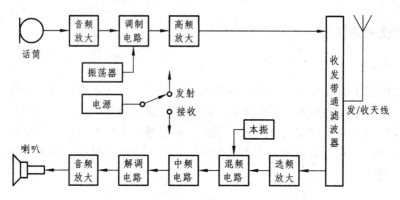

图 5-4-5　调频对讲收音接收发射原理框图

4. NT-QQ08 型调频收音对讲机原理简介

NT-QQ08 型对讲机套件是一款基于 DSP 技术的数字收发机，具有高灵敏度、噪声低、抗干扰能力强、外围元件少、便于组装、免调试等优点。具有以下特点：（1）采用单片微型计算机控制，液晶（LCD）数字显示；（2）6 个操控按键，按键电子调谐控制，接收和发射电台频率准确，稳定性高；（3）可步进选择工作频率，也可自动扫描电台；（4）收发频率范围 65 MHz～108 MHz；（5）15 段电子音量控制。NT-QQ08 由主控 MCU、显示、键盘、FM 收音、发射电路、功放及系统电源五部分构成，如图 5-4-6 所示。

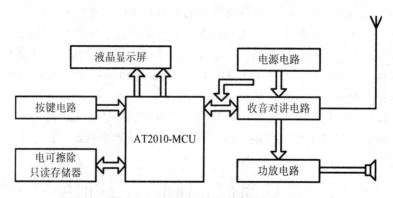

图 5-4-6　NT-QQ08 系统结构图

NT-QQ08 型调频收音对讲机原理图如图 5-4-7 所示，开关 K1 用于收音或对讲模式的选择，当开关按下时为对讲模式，否则为收音模式。两种模式的工作原理如下。

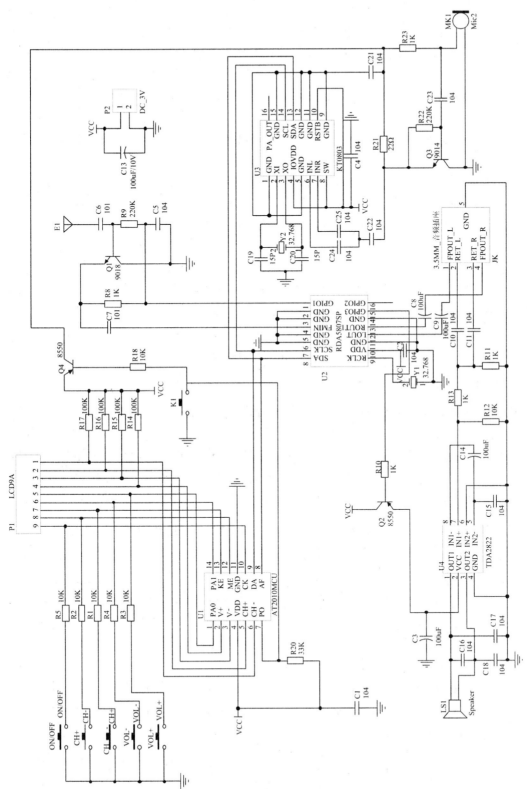

图 5-4-7 NT-QQ08 型调频收音对讲机原理图

1）收音机部分原理

调频信号由天线 E1 接收，经电容 C6 耦合，再经过三极管 Q1 放大输入至收音 SOC 芯片 RDA5807FP 引脚 4 的 FMIN 信号输入端，LNA 将信号放大，并转为差分输出电压，这可以有效抑制芯片内部及 PCB 板上的噪声，提高接收灵敏度。混频器将 LNA 输出信号变频到低中频，同时实现对镜像的抑制。PGA 将混频器输出的 I、Q 两路正交中频信号放大送给 ADC，信号的增益由 DSP 动态控制，有效地降低了对 ADC 输入动态范围的要求。ADC 采用的是 Delta-Sigma 带通滤波采样结构，它具有高精度低功耗特点，并对带外噪声有抑制作用，适用中低频信号处理；DSP 对 ADC 输出信号解调后，将音频信号分别送给左右声道高精度 DAC，DAC 具有低通滤波的作用，将语音频带外的噪声进行衰减；最后音频信号通过内置功放将声音输出。经过处理的音频信号从左右声道的 12、13 脚输出耦合到 3.5 mm 的音频插座的 1、4 脚内，之后通过音频插座的 2、3 脚耦合输出到功放芯片 TDA2822 组成的放大电路，从 TDA2822 的 4 脚输出，经过 C16 耦合，推动扬声器 LS1 发出声音。RDA5807FP 数字部分包括音频处理 DSP 及数字接口。

在扬声器发声的同时，经过静噪的音频信号还通过 RDA5807FP 的引脚 7、8 的串行控制总线的时钟输入和数据输入/输出接口输入到主控 AT2010MCU 单片机进行数据的处理，经过处理的数据输出到显示屏 LCD9A 上，在屏幕上可以显示当前收音的频道为多少，直观，方便，同时通过按键 CH＋、CH-、V＋、V-等可以控制收音的信号频率和音量等信息。

2）对讲机发射原理

开关 K1 按下时，变化着的声波被驻极体（话筒 MK1）转换成电信号，经过 R21、R22、R23、C23 阻抗均衡后，由 Q3 进行调制放大。放大后的音频信号进入发射芯片 KT0803L 的左右声道音频输入 6、7 引脚，经过处理后的音频数据通过引脚 13、14 的串行数据 I/O 和时钟输入的作用进入接收芯片 RDA5807，经过上述接收过程中的原理，处理好的音频信号通过引脚 12、13 输出到音频插座，再经过功放 TDA2822 的作用推动扬声器发出声音。

5. 主控 IC AT2010MCU 芯片简介（芯睿 MK6A12P 或者凌飞 FM8PS53）

AT2010MCU 是 RISC 高性能微控制器。它内部包含一个 1K×14bits 的一次性可编程只读存储器、48 字节数据存储器、定时器/计数器、中断、LVR（低电压复位）和 I/O 口。复位模式有上电复位和低电压复位，本次系统采用低电压复位，即给 7 引脚 RESETB/PB3 输入一个负脉冲。5 种振荡模式可供选择，包括外部 RC、LS（低速）晶振、NS（标准速度）晶振、HS（高速）晶振，内部 4 MHz RC 振荡器，本系统采用内部晶振模式。具有 8 位倒计时定时器/计数器带自动重复加载功能。一个看门狗定时器：芯片内 WDT 是基于一个内部 RC 振荡器（仅 WDT 使用）。有 8 个周期可供选择。使用者可通过使用预分频器来延长 WDT 溢出周期。其芯片引脚图如图 5-4-8 所示，引脚说明如表 5-4-1 所示。

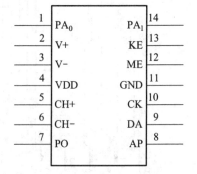

图 5-4-8　AT2010 MCU 引脚图

表 5-4-1　AT2010 MCU 引脚说明

符号	引脚	功能说明
PA₀ ~ PA₃	1，14，13，12	一般 I/O 口，带下拉电阻
CK	10	一般 I/O 口，通过选择实现上拉/下拉/漏极开路功能，脚位改变使芯片从睡眠模式中唤醒， 通过上升沿触发中断产生（选择）
DA	9	一般 I/O 口，通过选择实现上拉/下拉/漏极开路功能，脚位改变使芯片从睡眠模式中唤醒
AF	8	一般 I/O 口，通过选择实现上拉/下拉/漏极开路功能，外部计数输入
PO	7	输入脚位，系统复位信号（低电平有效）脚位改变使芯片从睡眠模式中唤醒
CH +	6	一般 I/O 口，通过选择实现上拉/漏极开路功能，脚位改变使芯片从睡眠模式中唤醒。振荡器输出脚位（晶振模式不能设置为上拉）
CH-	5	一般 I/O 口，通过选择实现上拉/下拉/漏极开路功能，脚位改变使芯片从睡眠模式中唤醒。振荡器输入脚位（晶振模式不能设置为上拉）
V-，V +	3，2	一般 I/O 口，通过选择实现上拉/漏极开路功能，脚位改变使芯片从睡眠模式中唤醒
GND	11	系统接地输入
VDD	4	系统电源输入

6. 芯片 RDA5807FP 简介

RDA5807FP 是新一代广播调频立体收音机调谐器芯片完全集成的频率合成器。RDA5807FP 具有强大的低中频数字音频处理器，这使它在不同的接收条件下具有最佳的声音质量。RDA5807FP 具备以下特性：

- RDA5807FP 灵敏度高、噪声小、抗干扰能力强、外接元件极少、性价比高；
- 76 ~ 108 MHz 全球 FM 频段兼容（包括日本 76 ~ 91 MHz 和欧美 87.5 ~ 108 MHz）；
- 使用 COMS 工艺单晶片集成电路，功耗极小；
- 内置 LDO 调整、低功耗、超宽电压使用范围（2.7 ~ 5.5V DC）；
- 高功率 32 Ω 负载音频输出，直接耳机驳接，无需外接音频驱动放大；
- 内置高精度 A/D（模数转换器）及数字频率合成器；
- I²C 串行数据总线接口通信，支持外部基准时钟输入方式；
- 内置噪声消除、软静音、低音增强电路设计；
- RDA5807FP 采用 SOP-16 封装。

RDA5807FP 的内部结构如图 5-4-9 所示。

接收机使用数字比较体系结构，避免了因直接转换而产生的麻烦，减少了复杂性，并集成了低噪声放大器（LNA），支持调频广播范围（50 ~ 115 MHZ），一个多相位的镜像抑制混频器阵列，一个可编程增益控制（PGA），高分辨率模数转换器（ADC），一个音频 DSP 和高保真数模转换器（DAC）。限幅器主要用于防止过载和限制相邻通道产生的强大的互调影响。

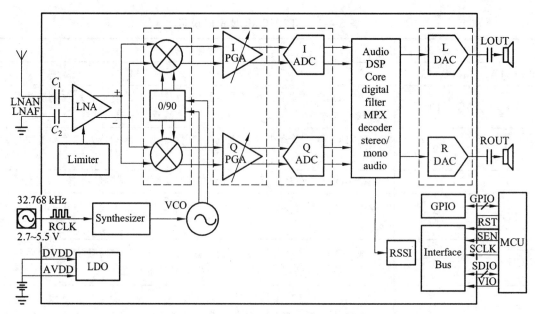

图 5-4-9　收音 IC RDA5807FP 结构图

该多相位混频器阵列向下 LNA 输出差动 RF 信号转换至低 IF，它还具有镜像抑制功能和谐波色调排斥反应。在 PGA 放大混频器输出中频信号，然后用 ADC 数字化。DSP 内核完成频道选择，调频解调，立体声 MPX 解码器和输出音频信号。这些 DAC 转换模拟和数字音频信号变化量。DAC 的低通特性为 3 db 频率，大约 30 kHz。频率合成器的参考时钟是 32.768 kHz。RDA5807FP 集成一个 LDO 芯片供电。外部电源电压范围是 2.7 ~ 3.3 V。RDA5807FP 只支持 I^2C 接口总线控制模式。RDA5807FP 有三个 GPIO。GPIO 可以编程的功能为 GPIO1（1:0），GPIO2（1:0），GPIO3（1:0）和 I2SEN。

1	GPIO1	GPIO2	16
2	GND	GPIO3	15
3	GND	GND	14
4	FMIN	ROUT1	13
5	GND	LOUT	12
6	GND	GND	11
7	SCLK	VDD	10
8	SDA	RCLK	9

如图 5-4-10 所示为 RDA5807FP 引脚图，该芯片的引脚说明如表 5-4-2 所示。

图 5-4-10　RDA5807FP 引脚图

表 5-4-2　RDA5807FP 引脚说明

符　号	引　脚	说　明
GND	2、3、5、6、11、14	接电源地
FMIN	4	FM 信号输入
RCLK	9	32.768 MHz 晶振输入
VDD	10	接电源
LOUT, ROUT	12，13	左/右音频输出
SCLK	7	串行控制总线的时钟输入
SDA	8	串行控制总线的数据输入/输出
GPIO1, GPIO2, GPIO3	1，16，15	多用途输入/输出口

7. 芯片 KT0803L 简介

KT0803L 与 KT0803 硬件兼容，增加功能有：发射功率，输入信号检测，低音增强控制，支持 32.768 kHz 时钟；专业级的性能：信噪比 ≥60 dB，立体声分离度 > 40 dB，国际兼容的 70 ~ 108 MHz 的超低功耗；< 17 mA 工作电流，< 3 mA 的待机电流，外形小巧，16 引脚 SOP，简单的界面，单电源，行业标准的 2 线 I²C MCU，接口兼容；先进数字音频信号处理：片上 20 位 ΔΣ 音频 ADC，片上 DSP 内核，片上 24 dB PGA 具有可选的 1 dB 步进自动校准过程中的温度，片上 LDO（低压降出）稳压器，可容纳 1.6 ~ 3.6 V 电源，可编程传输电平，可编程预加重（50/75 μs）。

KT0803L 是新一代的低成本单片数字调频发射机，是专为处理高保真立体声音频信号和传输调制过的短距离 FM 信号而设计，是 KT0803 的升级。

如图 5-4-11 所示为该芯片的内部结构图，该 KT0803L 具有双 20 位 ΔΣ 音频 ADC，一个高逼真数字立体声音频处理器和一个完全集成射频（RF）发射器。片上线性稳压器（LDO）允许该芯片被集成在具有低功耗低电压电池的供电系统（范围为 1.6 ~ 3.6 V）。该 KT0803L 配置为 I²C 和通过行业标准的 2 线 MCU 编程接口。

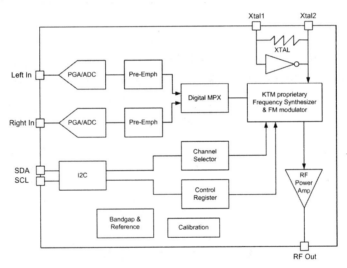

图 5-4-11　发射 IC KT0803 结构图

由于它的高集成水平，KT0803L 是装在一个通用的 16 引脚的 SOP 封装。它只需要一个单一的低电源电压，无需外部调整，这使得设计工作总的最低。如图 5-4-12 所示为该芯片引脚图，引脚说明如表 5-4-3 所示。

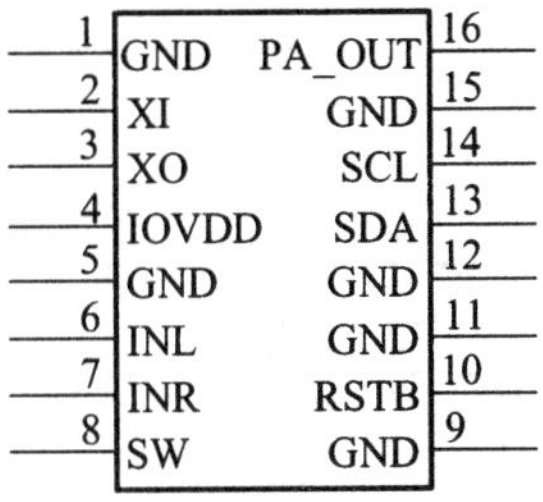

图 5-4-12　KT0803L 发射芯片引脚图

表 5-4-3　KT0803L 引脚说明

引脚	符号	I/O 特性	功能说明
2，3	XI，XO	模拟 I/O	晶体输入
4	IOVDD	电源	1.6～3.3 V 外部逻辑 IOVDD
1，5，11，15	GND	地	可短接在一起，并连接到地
6，7	INL，INR	模拟输入	左/右声道音频输入
8	SW	数字输入	控制位，芯片使能，模式选择
9，12	GND	地	地
10	RSTB	数字输入	复位（低电平有效）
13	SDA	数字 I/O	串行数据 I/O
14	SCL	数字 I/O	串行时钟输入
16	PA_OUT	模拟输出	FM 射频输出。

8. 功放芯片 TDA2822 简介

　　TDA2822 是双通道单片功率放大集成电路，通常在袖珍式盒式放音机（WALKMAN）、收录机和多媒体有源音箱中作音频放大器。具有电路简单、音质好、电压范围宽等特点，可工作于立体声以及桥式放大（BTL）的电路形式下。电源电压范围宽（1.8～15 V，TDA2822M），电源电压低至1.8 V 时仍能工作；静态电流小，交越失真也小；适用于单声道桥式（BTL）或立体声线路两种工作状态；采用双列直插 8 脚塑料封装（DIP-8）和贴片式（SOP-8）封装。其引脚图如图 5-4-13 所示，引脚相关的功能说明见表 5-4-4 所示。

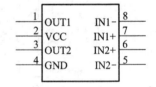

图 5-4-13　功放 TDA2822 引脚图

表 5-4-4　TDA2822 引脚说明

符　号	引　脚	功能说明
OUT1	1	输出端 1
VCC	2	电　源
OUT2	3	输出端 2
GND	4	地
IN2-	5	反向输入端 2
IN2 +	6	正向输入端 2
IN1 +	7	正向输入端 1
IN4-1	8	反向输入端 1

9. 3.5 mm 音频插座简介

3.5 mm 音频插座主要用于耳机或喇叭音响等设备的外接,在 QQ08 调频收音对讲机中主要将收到的音频信号输出到放大电路。其引脚如图 5-4-14 所示,引脚功能说明如表 5-4-6 所示。

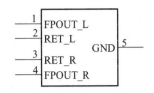

图 5-4-14 音频插座引脚图

表 5-4-6 音频插座引脚说明

符 号	引 脚	功能说明
FPOUT_L	1	左声道输出
RET_L	2	左声道输出到喇叭
RET_R	3	右声道输出到喇叭
FPOUT_R	4	右声道输出
GND	5	公共地端

10. 安装相关知识

1)工艺流程

工艺流程如图 5-4-15 所示。

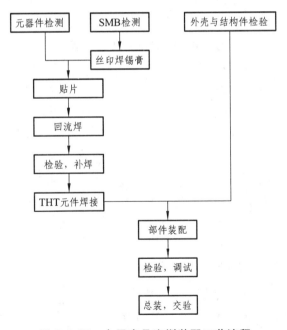

图 5-4-15 电子产品实训装配工艺流程

2)安装步骤及要求

(1)技术准备。

了解焊接组装技术基本知识;理解实训产品简单原理;掌握实训产品结构及安装要求。

213

（2）装前检查。

检查 PCB 板丝印是否完整，线路有无短路、断路等缺陷；清点元器件数量，并进行检测；清点外壳及结构件、配件的数量，并检查有无缺陷及损坏。

（3）贴片元件的焊接与焊接顺序（SMT）。

装配 PCB 板的正反两图如图 5-4-16 和图 5-4-17 所示。先检查印刷情况，检查贴片的数量及位置，使用尖头烙铁进行焊接，及时检查焊接质量，再按如下顺序贴片。

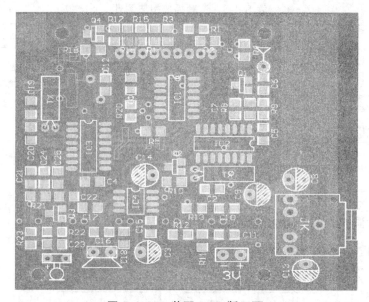

图 5-4-16　装配 PCB 版正面

图 5-4-17　装配 PCB 版反面装配图

无极性电容 101，104；

贴片电阻 102，103，104，220，224，333；

三极管 9014，9018，8550；

集成块 AT2010MCU，RDA5807，KT0803L，TDA2822。IC 须将缺口方向对应丝印的缺口方向。

（4）通孔元件焊接顺序（THT）。

参见图 5-4-16 装配图，除了液晶以外的其他器件全部焊接在正面。在焊接时请按照先焊接小元件、再焊接大元件的顺序进行。具体为：晶振 XT，电解电容 C_{14}、C_3、C_9、C_8、C_{13}，蜂鸣器耳机插座 JK。反面焊接好液晶屏。

元件尽量贴到印制电路板上，按标号对号入座，不得将元件焊错位置。

（5）固定件的安装顺序。

先安装锅仔片，将锅仔片用透明胶粘贴在 PCB 板上，注意锅仔片不用焊接。安装电池，焊接好电线，注意正负极的连接。连接电源线、天线、喇叭线，固定天线。

11. 调试及总装

1）调　试

（1）所有元器件焊接完成后目视检查。

元器件：型号规则数量及安装位置，方向是否与图纸相符合。

焊点检查：有无虚焊、漏焊、桥接、飞溅等缺陷。

（2）接入 2.5～3.0 V 直流电源或在电池盒装入电池，按下 power 键开机。如果开机液晶没有显示，请检测供电情况以及焊接有无缺陷。

（3）按 CH＋、CH-搜索电台，如果收不到台，检查有无错焊、漏焊、虚焊等缺陷。

2）总　装

（1）安装按钮；

（2）将 PCB 板固定在外壳上盖；

（3）固定喇叭，盖上后盖；

3）检　查

总装完毕，装入电池，进行检查。要求：按键手感良好，功能键功能正常；外音音量正常，耳机插孔正常；收音效果佳，两组同学可以对讲；外壳无损伤。

五、实训内容

1. 不同类型的元件焊接训练

（1）焊接阻容类贴片元件，经老师验收后进行下一步。

（2）焊接贴片类 IC 元件，经老师验收后进行下一步。

（3）焊接直插类元件，经老师验收后进行下一步。

2. 安装整机收音对讲系统

（1）连接好液晶、蜂鸣器、喇叭、天线、电池；
（2）安装好外壳。
安装完成后，进行通电测试。

3. 调试收音对讲系统

（1）通电后进行电台的搜索，设置频道频率为 98.00 MHz，搜索电台，调试喇叭。
（2）切换电台频率，进行频道转换和音量调节。
（3）两组同学在室内进行对讲机的通话测试。
（4）两组同学进行室外对讲测试，距离 20 m 以上。
（5）中间隔着障碍物进行测试。

六、实训验收要求与评价标准

1. 能正确完成元件的焊接

（1）元件摆放正确，找到确切位置。
（2）能按照正确的顺序焊接元件。
（3）焊接技术过关，无错焊、漏焊、虚焊。

2. 完成整机安装

（1）液晶、锅仔片、蜂鸣器、喇叭、天线、电池等接线正确。
（2）外壳安装合理。
（3）通电以后能正常工作。
（4）整体美观。

3. 收音对讲调试

（1）能正确收到多个电台。
（2）两组同学可以正常对讲。

4. 完成电路图设计

（1）图纸正确。
（2）图纸符合规范。

参考文献

[1] 邱关源. 电路[M]. 5 版. 北京：高等教育出版社，2006.

[2] 康华光. 电子技术基础模拟部分[M]. 5 版. 北京：高等教育出版社，2006.

[3] 康华光. 电子技术基础数字部分[M]. 5 版. 北京：高等教育出版社，2006.

[4] 张肃文. 高频电子线路[M]. 5 版. 北京：高等教育出版社，2009.

[5] 王宏旭. 综合布线实训[M]. 成都：西南交通大学出版社，2014.

[6] 刘泾. 电路和模拟电子技术实验指导[M]. 成都：西南交通大学出版社，2011.

[7] 周燕. 电工电子技术实验教程[M]. 成都：西南交通大学出版社，2011.